KOSMOS

Unser Universum

Vom Urknall in die Unendlichkeit

Govert Schilling

Umschlagtypografie von eStudio Calamar unter Verwendung des Umschlags der Originalausgabe. Informationen zu den abgebildeten Motiven finden Sie auf der Seite 136.

Mit 95 Farb- und Schwarzweißfotos sowie 28 Illustrationen (Bildnachweis ab Seite 136).

Titel der Originalausgabe: „Govert Schilling, Evoluerend Heelal“,

ISBN der Originalausgabe: 90-77363-03-3

Aus dem Niederländischen übersetzt von Helmke Mundt

Bibliografische Information der Deutschen Bibliothek:
Die Deutsche Bibliothek verzeichnet diese Publikation in der Deutschen Nationalbibliografie. Detaillierte bibliografische Angaben sind im Internet über http://dnb.ddb.de abrufbar.

KOSMOS Postfach 106011
D-70049 Stuttgart
TELEFON +49 (0)711-2191-0
FAX +49 (0)711-2191-422
WEB www.kosmos.de
E-MAIL info@kosmos.de

Gedruckt auf chlorfrei gebleichtem Papier

Für die deutschsprachige Ausgabe:

ISBN 3-440-09955-5
Übersetzung, Redaktion und Satz: AMS Autoren- und Medienservice, Reute
Produktion: Siegfried Fischer
Projektleitung: Sven Melchert
Printed in Slovek Republic / Imprimé en République Slovaquie

Inhalt

Geleitwort

Eine Hügellandschaft, weit entfernt von Städten und Dörfern. Eine silbrig glänzende Kuppel auf einer Bergspitze. Ein Fernrohr, auf den nächtlichen Sternenhimmel gerichtet. Totenstille, bisweilen unterbrochen durch den vom Wind herübergetragenen Schlag einer fernen Kirchturmglocke. Reglos überspannt der dunkle, funkelnde Sternenhimmel die stille Erde. Der Astronom verharrt hinter dem Teleskop und ergründet die Geheimnisse des Weltalls.

Ist dieses romantische Bild richtig? Teilweise sicher, doch in den letzten 50 Jahren hat es sich stark verändert. Astronomen benutzen heute große moderne Teleskope auf entlegenen Berggipfeln wie den Kanarischen Inseln, auf Hawaii oder in den Anden, um den Kosmos zu erforschen. Um die Erde kreisen Satelliten, die auf einen Stern, einen entfernten Planeten, eine Galaxie gerichtet sind. Die Ergebnisse all dieser Messungen werden von Astronomen bearbeitet und mit leistungsstarken Computern analysiert. Dem Ergebnis weniger nächtlicher Beobachtungen folgen oft jahrelange Bemühungen, bis erfassbar wird, was diese Messungen uns über das Weltall lehren.

So sahen die Fortschritte der Forschung aus, jahrhundertelang. Doch heute geschieht dies schneller als früher und auf höherem Niveau, dank der Perfektionierung der Instrumente und Beobachtungsmethoden. Forscher müssen intensiver nachdenken, noch mehr Kräfte aufbieten und basierend auf der Arbeit von Vorgängern eine Antwort auf Fragen finden, die die Menschheit schon seit Jahrhunderten bewegen. Wer sind wir? Woher kommen wir? Was ist das Weltall, ist es begrenzt, wo liegt sein Ursprung? Viele dieser Fragen hat die Forschung der jüngsten Zeit beantwortet, und Schritt für Schritt geht es voran.

Unsere Erde gab es nicht schon immer. Sie entstand vor viereinhalb Milliarden Jahren. Die ersten Spuren mikroskopisch kleinen Lebens entstanden, als die Erde noch keine Milliarde Jahre alt war. Heute sind wir gut drei Milliarden Jahre weiter und Teil der zahlreichen Lebensformen, die sich seitdem entwickelt haben. Ist die Erde in dieser Hinsicht einzigartig? Ist sie der einzige Himmelskörper im Weltall, auf dem Leben existieren kann? Meiner festen Überzeugung nach nicht! Gerade unser Weltall ist in hohem Maße für die Entstehung von Leben geeignet. Wir können uns andere Universen vorstellen, die so aufgebaut sind, dass dort keinesfalls Leben entstehen kann.

Andere Universen? Nach neuesten Entwicklungen dürfen wir zu Recht vermuten, dass es neben unserem Weltall noch weitere gibt. So wie unsere Erde nicht der einzige Planet ist, die Sonne nicht der einzige Stern und unser Milchstraßensystem nicht einzigartig ist, ebenso dürfen wir auch annehmen, dass die Prozesse, die zur Entstehung unseres Weltalls führten, möglicherweise auch andere schufen.

Dieses Buch beschreibt in faszinierender Weise, wie unser Weltall entstand und sich entwickelte. Vor etwa 14 Milliarden Jahren wurde das Weltall geboren aus einer winzigen Zusammenballung einer unermesslichen Energiemenge, aus der einfache Atome, Sterne und Galaxien entstanden. Durch Kernfusion wurden in Sternen neue Atomarten geschaffen. Planeten wurden geboren, in ihrer Umgebung wuchsen immer kompliziertere Moleküle und dies führte in feiner Wechselwirkung schließlich zur Entstehung von Leben.

Aus einer ursprünglichen Masse von wenigen, sehr einfachen subatomaren Bestandteilen entstand all dies im Einklang mit ebenso einfachen physikalischen Gesetzen. Äußerst eindrucksvoll ist die Einfachheit, die ordnende und schöpferische Kraft der Natur.

Dieses Geschehen wird wahrhaft brillant geschildert in diesem Buch, das ich ohne Bedenken zu den besten auf diesem Gebiet zähle. Meisterhaft wird die wunderbare Symbiose menschlichen Denkens, die überwältigende Einfachheit und Kraft der physikalischen Gesetze und – mehr noch als früher, als wir zwar etwas sahen, jedoch weniger verstanden – die eindrucksvolle Romantik des prächtigen Firmaments dargestellt. Alles wird hingebungsvoll und spannend beschrieben. Ich wünsche dem Autor für seine Leistung viel Erfolg und dem Buch eine glänzende Zukunft und internationale Verbreitung.

Prof. Cornelis de Jager

Professor für Astrophysik und ehemaliger Präsident der Internationalen Astronomischen Union.

1

Chaos

Das unermessliche Nichts erzeugt eine brausende siedende Welt aus Raum und Zeit, aus Materie und Energie. Im Zentrum steht hier die Architektur des Kosmos.

Alles hat ein Ende, auch dieses Buch. Doch dies ist erst der Anfang, und was einmal endet, hat auch einmal begonnen. Es gibt keinen Abschluss ohne Ursprung, keinen Herbst ohne Frühling, kein Sterben ohne Geburt. Alles um uns herum befindet sich in unaufhörlicher Entwicklung, in einem ständigen Fluss. Nichts ist, was es war, oder wird sein, was es ist. Veränderung ist die einzige Konstante und das Dasein ist ein launischer Strom von der Vergangenheit in die Zukunft, vom Start zum Ziel, von der Geburt zum Tod.

Auch für den alles umfassenden Kosmos gilt dieses Gesetz von Beginn, Entwicklung und Ende. Mit dem Ursprung befassen wir uns nicht, doch es gab ihn. Der Abschluss ist uns verborgen, doch irgendwann wird er kommen. Und zwischendrin spielt sich jedes denkbare Ereignis ab: Ein Stern entsteht, eine Zelle teilt sich, ein Kind wundert sich. Schimmernde Ausblicke auf den Strom vom Urknall bis zum letzten Seufzer; flüchtige Szenen aus dem Leben des Kosmos. Dieser Kosmos ist keine kalte, dunkle Leere, kein Furcht erregendes statisches Vakuum, vielmehr eine aufgewühlte Welt voller Wunder, ein lebendes Universum, ein sich entwickelndes Weltall.

Du und ich, wir sind Teil des Kosmos. Wir sind unlöslich verbunden mit dem Weltall, das uns allseits umschließt. Unsere Existenz ist eng verflochten mit der Evolution des Universums. Ohne Urknall keine Materie, ohne Materie keine Sterne, ohne Sterne kein Kohlenstoff und ohne Kohlenstoff kein Leben. Die DNS in unseren Zellkernen, die Hormone in unseren Adern, die Synapsen in unserer Hirnrinde – alles befolgt dieselben Naturgesetze wie die Quasare und Pulsare. Mehr noch: Die Atomkerne in unserem Körper wurden einst im Innern ferner Sterne geprägt und die Quarks und Elektronen in der uns umgebenden Welt tragen Spuren des Urknalls. Wir Menschen sind eins mit dem Kosmos.

Wer das begreift, weiß, dass die Vergangenheit weiter reicht als ein Kinderfoto, als die Geschichtsstunde und die Geologie. Die Geburt des Individuums ist nur ein kurzes Aufblitzen im Bestehen der Art, der Ursprung des Lebens ein leichter Wellenschlag in der Geschichte des Planeten, die Entstehung der Erde eine Randerscheinung in der Entwicklung des Weltalls. Die Erforschung unserer Vergangenheit kann nicht stehen bleiben bei unseren Vorfahren, bei den ersten Wirbelwesen und auch nicht bei der Entstehung der Erde. Wer zum Ursprung vordringen will, der muss zurück bis zum Urknall.

Dies bedeutet eine Abkehr von der vertrauten Welt um uns. Diese Welt kann zwar entstanden sein aus demselben Urknall, sie hat jedoch kaum noch etwas gemein damit. Rückwärts müssen wir uns wenden, durch die Tunnel der Zeit reisen, zurück in die frühe Kindheit des Weltalls, ja

Elektrisch geladene Teilchen zeichnen Spuren in einer Glockenwölbung. Mit Teilchenbeschleunigern versuchen Physiker mehr über den Urknall zu erfahren.

War Gott ein Mathematiker? Unverrückbare Naturgesetze und mathematische Präzision liegen der Schöpfung zugrunde.

so weit, bis die gesamte Vergangenheit zurückgespult ist und die Uhr des Kosmos auf null steht. Dies ist eine Welt ohne Sterne und Galaxien, ein Universum ohne Moleküle, Atome und Kernteilchen: ein chaotischer Kosmos aus reiner Energie. Unvorstellbar klein, unvorstellbar heiß, unvorstellbar kompakt und unvorstellbar jung. Ein bebender Ausgangspunkt – eine naturwissenschaftliche Genesis.

Ist dies der Augenblick der Schöpfung? Nicht wirklich, nicht ganz genau. Dieser allererste Augenblick liegt definitiv außerhalb des Blickfeldes der Wissenschaft, unfassbar für Wahrnehmung und Theorie. Nein, die Uhr steht nicht auf null, doch es besteht kaum ein Unterschied zwischen null und fast null. Wer genau hinschaut, erkennt, dass ein zehnmillionster Teil eines Trillionstels einer Trillionstelsekunde verstrichen ist. Das Uhrwerk läuft, der Startschuss ist gefallen. Es gibt kein Zurück mehr, die Entwicklungsgeschichte des Weltalls hat begonnen.

Der gesamte Kosmos, den wir mit unseren Teleskopen überblicken können, die vielen Millionen Galaxien mit ihren Nebeln, Sternhaufen und Planeten, die Trilliarden Kubiklichtjahre mit all ihren Geheimnissen und ungeahnten Wundern – all dies ist zusammengepresst in einem Korn, kleiner als ein Atomkern, in einem kosmischen Senfkorn, in dem die vollständige Zukunft von Zeit und Raum festgelegt ist. So wie die Sonnenblumen latent in den Farbklecksen auf van Goghs Palette vorhanden waren, bis sie von des Meisters Hand auf der Leinwand zum Leben erweckt wurden, ebenso verstecken sich Andromeda-Nebel, Kilimandscharo und Mutter Teresa in diesem unansehnlichen Uratom in Erwartung des Augenblicks, in dem die Naturkräfte ihnen Daseinsberechtigung schenken.

Doch vorläufig existiert noch keine Materie. Der pieksende Nadelstich enthält die gesamte Energie von damals, heute und morgen, doch Quarks, Atome und Moleküle spielen keine Rolle in diesem ersten Akt. Das vorweltliche Korn ist im Begriff aufzuspringen – nicht *in* den Kosmos, sondern *als* der Kosmos. Es ist kein Uratom in einem unergründlichen, leeren Raum, es ist der endlose Raum selbst. Der Samen *ist* das Universum, das Korn *ist* der Kosmos. Das Raster der

Dimensionen, das augenscheinlich unumstößliche Skelett von Raum und Zeit ist hier verzerrt, aufgerollt und zusammengepresst. Parsecs in Picometern, die Unendlichkeit in einer Handfläche.

Nicht nur die Materie steht noch hinter den Kulissen, auch die Naturkräfte, wie wir sie kennen, müssen noch auf ihren Auftritt warten. In diesem Weltall im Embryonalstadium sind sie ganz schnell zu einer ungekannten mächtigen Superkraft zusammengeballt, die die Eigenschaften von Kernkraft und Elektromagnetismus in sich vereinigt. Nur die Schwerkraft hat sich aus dieser Symbiose gelöst, in diesem Fast-null-Zeitpunkt, in dem die Zeit erstmals zu ticken beginnt. Einen winzigen Wimpernschlag später folgen die anderen Naturkräfte und die Herrschaft der Superkraft findet ein Ende.

Eben dieses Spiel der verwobenen und sich loslösenden Naturkräfte haucht dem Weltall Leben ein. Dieser Abkopplungsvorgang erzeugt so überwältigend viel Energie, dass der Raum in eine sich selbst beschleunigende Explosion aufgeblasen wird. Als wäre Antischwerkraft im Spiel, so dehnt sich der Kosmos immer schneller und schneller aus. Raum schafft mehr Raum, angefüllt mit derselben Energie, derselben Abstoßungswirkung. In einer unkalkulierbaren Kettenreaktion nimmt die Größe des Weltalls exponentiell zu. Das Samenkorn zerspringt, der Keim springt heraus.

Dies ist der Geburtsschrei des Kosmos, der Augenblick des letztendlichen Ursprungs, die extreme Phase, in der sich die Zeit auf einer anderen Ebene, als wir dies kennen, abzuspielen scheint, und eine Mikrosekunde länger als eine Ewigkeit zu dauern scheint. Jedes

Der Samen *ist* das Universum, das Korn *ist* der Kosmos

Zehnbilliardstel einer Trillionstelsekunde nehmen die Ausmaße des embryonalen Weltalls um den Faktor zu. Erst zwei Nadelstiche, dann vier, acht, sechzehn, zweiunddreißig. Nach zehn Verdopplungen ist das Weltall schon tausendmal so groß, nach nochmals zehn Verdopplungen tausendmal tausend und nach nochmals zehn Verdopplungen eine Milliarde.

Was winzig klein begann, bewegt sich auch bei derart exponentieller Ausdehnung innerhalb bestimmter Grenzen. Etwa hundert Verdopplungen erfährt das Weltall – genug Raum, um ein Stäubchen auf die Ausmaße des heutigen Weltalls aufzublasen. Doch der unvorstellbar kleine Keim, mit dem alles begann, wuchs trotz dieser hundert Verdopplungen nicht über die Größe einer Apfelsine hinaus. Nach Abschluss dieses extremen Wachstumsschubs besitzt das Universum endlich ein menschliches Maß.

All dies hat kaum Zeit beansprucht. Hundert Verdopplungen, die jeweils ein Zehnbilliardstel einer Trillionstelsekunde dauern. Für den oberflächlichen Beobachter steht die Uhr immer noch auf null. Der geübte Beobachter erkennt, dass seit dem ersten Augenblick ein Hundertmillionstel einer Trillionstelsekunde verstrichen ist – und der erste Akt der Schöpfung beendet ist.

Wie die exponentielle Aufblähung des Weltalls genau vor sich ging, ist nicht bekannt. Wodurch die kosmische Inflation einen Wimpernschlag später bereits wieder zum Stillstand kam, ist ebenso wenig begreiflich. Doch dass diese früheste Lebensphase des Universums von kardinaler Bedeutung für die weitere Entwicklung, für die Bildung von Galaxien, für die

Entstehung von Leben war, steht außer Zweifel. Dank der Inflation verfügte das jugendliche Weltall über besondere Eigenschaften, unverzichtbar für seinen späteren Lebenslauf.

Wie sieht das Weltall aus, mit dem der Kosmos den zweiten Akt der Genesis beginnt? Es ist klein und kompakt – die Billionen Kubiklichtjahre des Weltraums, in dem wir unauffindbar um uns schauen, sind verdichtet auf ein paar Deziliter. Es ist immer noch voller bebender Energie, die ausreicht, um die Ausdehnung des Alls fortzuführen, zwar nicht mehr in exponentiellem, so doch in einem gleich bleibenden Tempo, wie ein Rennwagen, der nach einer kurzen heftigen Beschleunigung plötzlich auf Reisegeschwindigkeit schaltet. Und das Weltall ist homogen, gleichmäßiger als Wüstensand, strukturloser als ein Tischtennisball.

Flach ist es ebenfalls. Nicht zweidimensional, wie ein Blatt Papier, sondern flach in der Geometrie. Das dreidimensionale Koordinatensystem mit Länge, Breite und Höhe ist rechtwinklig und gerade. Keine mysteriöse Raumkrümmung, keine sich überschneidenden Parallelen, keine hyperbolische Mathematik. Jede Unregelmäßigkeit, jeder Makel, den es vor der Inflation gegeben hätte, ist aufgeblasen, ist verteilt und glatt gestrichen durch das exponentielle Spiel der Verdopplungen, ob es dabei um positive oder negative Krümmungen in der Raumzeit als Ganzes oder um lokale Schwankungen in der Energieverteilung geht. Jeder Punkt, jede Richtung ist gleich in diesem uniformen Universum, in dem weder die Position noch die Orientierung eine Bedeutung zu haben scheinen.

Wirkliche Bedeutung hat die Uhr, die weiter tickt. Die kosmische Uhr, die soeben gestartet ist und nur Nanosekunden, keine Gigajahre zählt. Zeit ist Veränderung, Entwicklung, Wachstum. Wachstum, ganz wörtlich gemeint, in einem Weltall, das sich ausdehnt, und in dem der Raum ständig mehr Raum beansprucht. Aber da die Phase der Inflation beendet ist und die

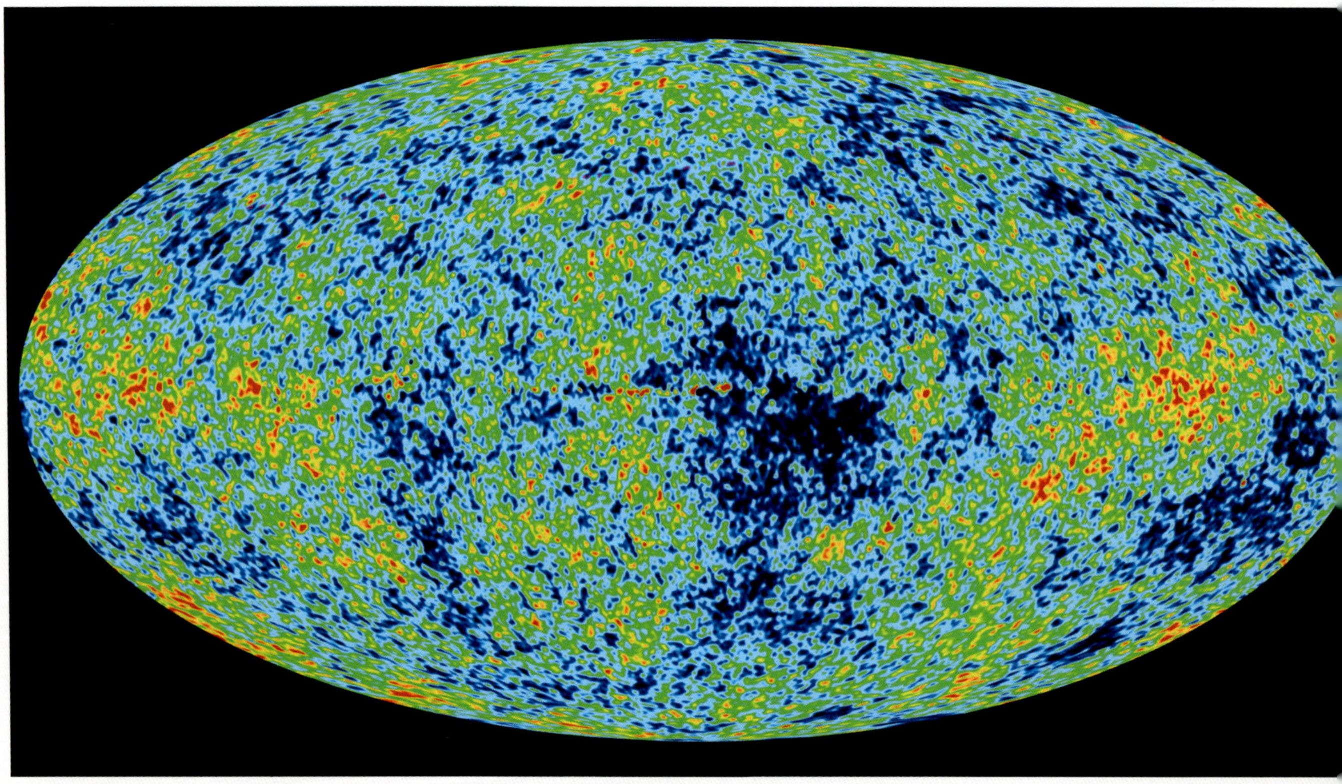

Urenergie der Schöpfung gleichmäßig über das expandierende Raster des Raums verteilt ist, geht dieses Wachstum einher mit einer irreversiblen Temperaturabnahme. Einst übererhitzt und superkompakt, setzt das Weltall seine ersten Schritte auf dem unerbittlichen Weg zum Vakuum und zum absoluten Nullpunkt fort.

✪ Niemals wieder wird der Kosmos so heiß und kompakt sein, wie zu Zeiten seines eigentlichen Beginns, als die Natur kaum zwischen Energie und Materie zu unterscheiden schien. Wie eine Blüte beim Öffnen und Schließen ihre Gestalt ändern kann, so sind Strahlung und Materie, Energie und Masse zwei Seiten derselben Medaille und unter den extremen Bedingungen der kosmischen Urzeit rotiert diese Medaille wahnsinnig schnell. Quantenpäckchen aus reiner Energie werden paarweise zu Elementarteilchen und ihren Antiteilchen, die sich danach in einem Energieblitz wieder gegenseitig vernichten.

✪ Energie und Masse sind zwei Worte für denselben Begriff, zwei Varianten derselben Größe. Jedes Energiequantum, jedes Strahlungsphoton, kann sich in ein Teilchenpaar transformieren, jedes Teilchenpaar kann umgesetzt werden in Strahlung. Je größer die Energie des Photons, um so größer ist die Masse des entstehenden Teilchens. Je schwerer die Teilchen sind, die sich auslöschen, umso mehr Energie wird produziert. Niemals kommt etwas hinzu, niemals geht etwas verloren – das ist das eherne Gesetz der Erhaltung in der Natur.

✪ In diesem Tanz von Energie und Masse wird schließlich das konkrete Weltall geboren. Hier schmiedet die Natur die Bausteine, aus denen später Sterne, Planeten und Menschen entstehen. Quarks und Elektronen, Protonen und Neutronen, Atome und Moleküle – eines nach dem anderen verdichten sie sich aus der brodelnden, langsam abkühlenden Ursuppe. Der Tanz währt nur wenige Minuten, doch diese Zeit reicht aus für die Schaffung der kosmischen Bausteine und auch um das expandierende Weltall mit einem heißen Gas aus Urmaterie zu füllen.

✪ Ein kleiner Schönheitsfehler der Natur, eine winzige Asymmetrie in den im Weltall herrschenden Gesetzen, verursachte, dass schließlich *Etwas* da ist anstelle von *Nichts*, dass der Kosmos neben Strahlung auch Materie enthält. Wird Energie in Masse umgesetzt, in Teilchen und Antiteilchen, so scheint die Natur eine gewisse Vorliebe für das zu offenbaren, was wir „normale Materie“ nennen. Aus jeweils einer Milliarde Teilchen Materie entstehen „nur“ neunhundertneunundneunzig Millionen neunhundertneunundneunzigtausend neunhundertneunundneunzig Antiteilchen. Wenn all diese Teilchen und Antiteilchen sich dann auslöschen und wieder in Strahlung umgesetzt werden, bleibt also ein Teilchen übrig. So ist jedes Materieteilchen in der Welt um

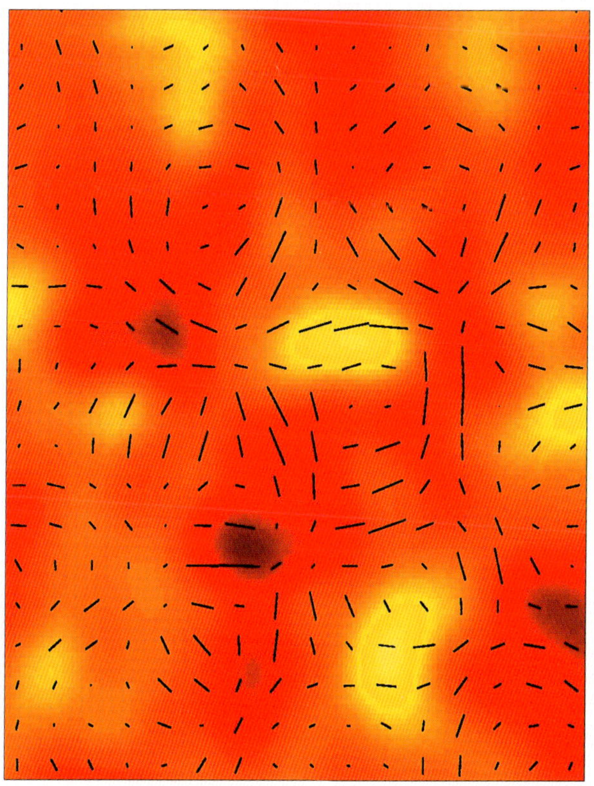

Der Urknall hinterlässt seine Spuren in der kosmischen Hintergrundstrahlung: winzige Temperaturschwankungen (links) und subtile Polarisationsmuster (rechts).

uns ein unwahrscheinlich zufälliger Überlebender aus dem Schlachtfeld des Urknalls. Ohne das subtile „Materie-Antimaterie-System“ der Naturgesetze wäre das Weltall nur gefüllt mit einem sich langsam verdünnenden Meer von Photonen – einem kühler werdenden Bad aus Strahlung, in dem nie Formen und Strukturen entstanden wären. Wir alle haben unsere Existenz einer Asymmetrie von einem zehnmillionstel Prozent zu verdanken.

Alle sichtbare Materie im Weltall besteht aus diesem winzigen Bruchteil von Teilchen, der dem teuflischen Tanz von Schöpfung und Auslöschung entsprungen ist. Vulkane und Pulsare, Gazellen und Gasnebel, Kastanien und Quasare, sie alle setzen sich aus denselben Elementen, denselben Bausteinen zusammen. So wie ein Schriftsteller eine unendliche Vielfalt von Ideen, von Bedeutungen durch die unterschiedliche Anordnung von 26 Buchstaben schaffen kann, ebenso versteht es die Natur, eine Unmenge von Molekülen, Himmelskörpern und Organismen durch eine minutiöse Anordnung von nur drei grundlegenden Einheiten zusammenzusetzen.

Sie spielen die Hauptrollen im Teilchenschauspiel: das up-Quark, das down-Quark und das Elektron. Dieses Trio ist verantwortlich für die strahlende Pracht des Sternenhimmels, für die Gewalt von Tsunamis und Taifunen, für Scharlach bei einem Säugling. Im Legospiel des Kosmos gibt es nur drei verschiedene Bausteine, doch die Anzahl der Bausteine, also die Zahl möglicher Kombinationen ist unvorstellbar groß.

Wir haben unsere Existenz

der Asymmetrie von einem zehnmillionstel Prozent zu verdanken

Quarks können nicht ohne einander auskommen und bilden oft Dreiergruppen. Zwei up-Quarks und ein down-Quark bilden zusammen ein Proton, ein Kernteilchen mit positiver elektrischer Ladung. Zwei down-Quarks und ein up-Quark bilden zusammen ein Neutron, das praktisch ebenso groß und schwer ist wie ein Proton, doch ohne elektrische Ladung. Protonen und Neutronen sind die Bausteine aller Atomkerne in der Natur. Dementsprechend besteht der Kern eines Wasserstoffatoms aus einem einzigen Proton und der Kern eines Heliumatoms aus zwei Protonen und zwei Neutronen. Aufgrund der Ladung des Protons besitzen auch die Atomkerne eine positive elektrische Ladung. Erst wenn der Atomkern sich in einer Wolke von negativ geladenen Elektronen verhüllt, entstehen neutrale Atome. Diese können sich wiederum zu Molekülen zusammenschließen.

Man betrachte beipielsweise das Schwefelsäuremolekül – H_2SO_4. Zwei Wasserstoffatome (H), ein Schwefelatom (S) und vier Sauerstoffatome (O). Ein Wasserstoffatom besteht aus einem Proton und einem Elektron. Der Kern des Schwefelatoms besteht aus 16 Protonen und 16 Neutronen und um den Kern wirbeln 16 Elektronen. Jedes der vier Sauerstoffatome hat acht Protonen und acht Neutronen im Kern, der umgeben ist von einer Wolke aus acht Elektronen. In Lego-Begriffen sind das: 148 up-Quarks und 146 down-Quarks und 50 Elektronen. So besteht jedes Molekül um uns aus Dutzenden oder Hunderten von Bausteinen, alle sorgfältig angeordnet in einzigartige Muster. Auch andere Teilchen wurden in der Zeit des Urknalls geboren: die Neutrinos, Gespensterteilchen ohne Ladung und mit unwesentlich kleiner Masse.

Die Geburt von Sternen, die Entstehung von Planetensystemen, die Bildung der DNS – dies alles sind Phasen ein und derselben Entwicklung des Kosmos.

Neutrinos gehören nicht zu den „Bausteinen" des Kosmos. Sie reagieren kaum mit normaler Materie und fliegen fast genauso schnell wie Licht in unvorstellbaren Mengen ungehindert durch Fingerspitzen, Berge und Planeten.

Und neben dieser riesigen Flut kreuz und quer schwirrender Neutrinos, die zahlreicher sind als alle Quarks und Elektronen zusammen, gibt es im Weltall auch ein unsichtbares Gas, bestehend aus mysteriösen schweren Teilchen, deren wirkliches Wesen niemand kennt: die geheimnisvolle dunkle Materie, die überall vorhanden ist und ihre Schwerkraft wirken lässt, doch ansonsten unauffindbar bleibt wie ein Yeti.

Dies sind die Nachkommen der Schöpfung, die direkten Nachfahren des Urknalls, die Hauptdarsteller im kosmischen Drama: ein dichter Brei energiereicher Photonen, eine Flut ungreifbarer Neutrinos, ein Gas aus geheimnisvoller dunkler Materie und eine winzige Verschmutzung von up-Quarks, down-Quarks und Elektronen. Ausnahmslos gehorchen sie dem eisernen Regiment der kosmischen Gesetze, ihr Verhalten wird bestimmt von den vier fundamentalen Naturkräften und den allgegenwärtigen Launen des Zufalls. Es gibt kein Skript, kein Drebuch, sondern eine Art Improvisation. Nichts ist vorhersagbar, doch vieles liegt fest.

Heiß, kompakt und undurchsichtig ist das Weltall in seiner Entstehungsphase. Der erste Augenblick, die Erweckung der Naturkräfte und die exponentielle Inflation scheinen eine Ewigkeit weit entfernt zu sein, doch immer ist der Kosmos noch keine Sekunde alt, beträgt die Temperatur viele Millionen Grad und wiegt ein Liter Weltall zehntausend Tonnen. Strahlung und Materie können sich nicht aus dem Wege gehen, sie sind eingespannt in ein chaotisches Hiphop von Photonen und Materieteilchen, die ständig in alle Richtungen reflektiert und zerstreut werden. Der Kosmos ist eine undurchdringliche, glühende Plasmawolke, die weder Struktur noch Muster kennt.

Doch die Ausdehnung des Weltalls schafft mehr Raum und mehr Spielraum. Die Plasmawolke expandiert, die Ursuppe verdünnt sich und kühlt ab. Photonen verlieren ihre Energie, die Temperatur rutscht in den Keller, auf der Tanzfläche wird es ruhiger. Die Dichte sinkt ab, zuerst

Mikrokosmos und Makrokosmos treffen sich: In der Teilchenphysik wird der Baustoff des Weltalls erforscht.

auf tausend, dann auf hundert, dann auf zehn Tonnen und schließlich auf eine Tonne pro Liter. Protonen und Neutronen können endlich ins Gespräch kommen, in Beziehung treten, ohne sofort von energiereichen Photonen auseinandergetrieben zu werden. So entstehen Helium-, Deuterium- und Lithiumkerne in kleinen Gruppen von zwei, drei oder vier Kernteilchen.

Wenige Minuten nach dem ersten Augenblick ist der Kosmos ein Kernfusionsreaktor, in dem neue Atomkerne entstehen. Dies ist die Geburtsstunde der Chemie, jetzt werden die untersten Reihen des Periodensystems geschrieben, die chemische Zusammensetzung des Weltalls wird festgelegt: 75 % Wasserstoff, fast 25 % Helium und weniger als 1 % andere Elemente. Diese Zusammensetzung ändert sich kaum noch in den folgenden 14 Milliarden Jahren der Evolution trotz der Kernfusionskraft der Sterne und der Entstehung schwerer Elemente. Kohlenstoff, Sauerstoff, Schwefel, Eisen und Gold sind nur kleine Verschmutzungen im kosmischen Materiebad aus Wasserstoff und Helium, das drei Minuten nach dem ersten Augenblick von der Mischbatterie des Urknalls gefüllt wurde.

Was als blendender Schleier sichtbaren Lichts begann, wurde verwässert zu

Während Temperatur und Dichte weiter sinken, der Strahlungsbrei sich abkühlt und das Teilchenmeer flüchtiger wird, beginnt die Uhr der Ereignisse ständig langsamer zu ticken. Die Geschichte des Kosmos läuft nicht mehr in Nanosekunden ab, das Tagebuch der Schöpfung wird vielmehr in Minuten, Stunden, Tagen und Jahren geschrieben. Viele Jahrhunderte und Jahrtausende, Zehntausende von Jahren verstreichen, in denen Ausdehnung, Verdünnung und Abkühlung ihren Einfluss geltend machen. Schließlich ist das Weltall expandiert und abgekühlt zu einem Plasma mit wenigen tausend Grad und einer Dichte, die unter der der irdischen Atmosphäre liegt. Dreihunderttausend Jahre sind verstrichen, so viel Zeit liegt auch zwischen dem ersten *Homo sapiens* und der Geburt Albert Einsteins.

Jetzt endet auch der zweite und letzte Akt der Schöpfung. Das Plasma aus elektrisch geladenen

Teilchen, positiv geladenen Atomkernen und negativ geladenen Elektronen, wandelt sich langsam in ein neutrales Gas aus Wasserstoff- und Heliumatomen. Die Strahlungsphotonen im abgekühlten Weltall verfügen nicht über genügend Energie, um ein Atom zu trennen, und so findet eine Massenhochzeit von Atomkernen und Elektronen statt. Das entstehende Gas aus neutralen Atomen, ein fast strukturloser Ozean aus Materie, verliert seine Verflechtung mit dem Strahlungsmeer. Die Photonen werden nicht mehr durch ständige Reaktionen mit geladenen Teilchen behindert und die Materie verliert ihre Glut. Strahlung kann sich endlich über große Entfernungen hinweg fortpflanzen. Das Weltall wird transparent.

Diese Strahlung, einstmals ebenso heiß und hell wie die Sonnenoberfläche, ist im Kosmos noch überall präsent, ähnlich wie ein ständig schwächer und kühler werdender Nachhall des Urknalls: die kosmische Hintergrundstrahlung. Sie ist älter als das Licht der Sterne, Nebel und Galaxien, sie ist das älteste Signal im Weltall, der ursprünglichste Fingerabdruck der Schöpfung. Seit dieser Abkopplung von Strahlung und Materie ist das Weltall mehrere tausendmal größer und sind die Wellen der Hintergrundstrahlung mehrere tausendmal länger geworden. Was als blendender Schleier sichtbaren Lichts begann, wurde verwässert zu einem kaum wahrnehmbaren Rauschen – einem zarten Geflüster auf Radiowellen.

Die kosmische Hintergrundstrahlung, die aus dem Weltall von allen Seiten auf uns zukommt, enthält Informationen über den Beginn der kosmischen Entwicklung. Sie ist ein himmlisches Fossil des Urknalls, ein versteinerter Abdruck der Bedingungen am Ende der Schöpfung. So wie die fossilen Reste des ersten *Homo sapiens* uns einen Blick auf den Ursprung des Menschen gewähren, ebenso sehen wir die Hintergrundstrahlung als ein subtiles Flickenmuster, das Grundlage für die heutige Komplexität des Universums ist. Die Karte der Hintergrundstrahlung, das Babyfoto des Weltalls, ist zugleich eine *Momentaufnahme* der Schöpfung, eine Blaupause unserer Existenz oder, wie ein Kosmologe es einmal ausdrückte, das Antlitz Gottes.

Die winzigen Temperaturschwankungen in der kosmischen Hintergrundstrahlung, die nur Bruchteile eines tausendstel Grades betragen, verdeutlichen, dass die Ursuppe nicht völlig homogen war, sondern dass es kleine Dichteunterschiede gab. Kaum wahrnehmbare Wellen

einem kaum wahrnehmbaren Rauschen – einem zarten Geflüster von Radiowellen.

und Täler: die erstarrten Vergrößerungen der Quantenfluktuationen, entstanden vor dem Zeitalter der Inflation. Ohne diese winzigen Dichteunterschiede gäbe es keine Galaxien, Sterne, Planeten und Menschen, dann wäre der Kosmos heute immer noch ein homogenes Gas aus einzelnen Atomen, vielleicht eine Milliarde mal flüchtiger als in der jüngsten Urzeit.

Die Geburt des Weltalls ist das größte Mysterium in der Astronomie, und der Rückblick auf den ersten Augenblick bleibt allen verwehrt. Doch das heutige Weltall verdankt seine komplexe Struktur direkt den Quanteneffekten in dieser allerersten unteilbaren Zeitspanne. Die kosmische Hintergrundstrahlung gewährt uns einen Blick in die Wiege des Universums und die rosa und blauen Flecken auf dem Babyfoto dokumentieren den Beginn der meisterlichen Architektur des Kosmos.

2

Verdichtung

In dem flüchtiger werdenden Kosmos ist die Schwerkraft unermüdlich am Werk. Zweihundert Millionen Jahre nach dem Urknall leuchten im finsteren Weltall die ersten Sterne auf.

Der Urknall ist verhallt, der Lichtschein verlöscht und das Gas neutralisiert, nun bleibt es für lange Zeit beängstigend still und dunkel im Weltall, als hörte das Neugeborene kurz nach dem Geburtsschrei auf zu atmen. Die Zukunft des Kosmos liegt ganz in den Händen der Schwerkraft: Sollte es ihr nicht gelingen, die sich ausdehnende Materie zur Zusammenballung zu veranlassen, wird nie ein Stern leuchten oder eine Blume blühen. Und auf den ersten Blick scheint der Schwerkraft auch wenig Erfolg beschieden: Sie ist bei weitem die schwächste der vier Naturkräfte.

☆ Die starke und die schwache Kernkraft sind wesentlich stärker als die Schwerkraft. Allerdings ist ihre Reichweite sehr begrenzt, Herr und Meister im Kern des Atoms, doch kraftlos auf große Entfernungen. Die elektromagnetische Kraft ist erheblich schwächer, reicht jedoch bis in die Unendlichkeit. Da es ebenso viele positiv wie negativ geladene Teilchen gibt und da Himmelskörper wie Planeten und Sterne durchweg neutral sind, spielt auch die elektromagnetische Kraft keine bedeutungsvolle Rolle in der groß angelegten Evolution des Weltalls. Übrig bleibt die Schwerkraft, die ebenfalls bis in die Unendlichkeit reicht, jedoch immer anziehend wirkt, aus dem einfachen Grund, weil es keine Teilchen mit einer negativen Masse gibt.

☆ Jeder kann sich davon überzeugen, dass die Schwerkraft wesentlich schwächer ist als die elektromagnetische Kraft. Ein statisch geladener Taschenkamm kann Papierschnipsel hochziehen. Die elektromagnetische Kraft dieses kleinen Kamms ist also schon stärker als die Schwerkraft der gesamten Erde. Doch die Schwerkraft, der schwächste Spieler im kosmischen Schauspiel, ist es, die dem Weltall Form und Gestalt geben soll und die im expandierenden, sich abkühlenden Gas der Ausdehnung des Weltalls Einhalt gebieten soll.

☆ Auch wenn die Schwerkraft in der Lage ist, die universelle Ausdehnung in fernster Zukunft völlig zum Stillstand, ja sogar zum Schrumpfen zu bringen – eine Möglichkeit, die nicht sehr wahrscheinlich scheint, jedoch auch nicht ausgeschlossen werden darf –, dann müssen in kleinem Maßstab auch Verdichtungen entstehen, will das Weltall nicht sein Leben lang ein Meer von losen Atomen bleiben. Ohne subtile Unterschiede in der Dichte, ohne Ansätze späterer Zusammenballung und Struktur wäre der heutige Kosmos eine langweilige, dunkle Leere, ein lebloses Vakuum mit einem Wasserstoffatom je Kubikmeter. Kein wundersames, sich entwickelndes System, sondern eine Welt der Einsamkeit und Stille.

☆ Doch den Ansatz gibt es schon: feine Dichteunterschiede – winzige Bruchteile eines Tausendstels –, die wie Kräuselungen auf der Wasseroberfläche Vorboten heftiger Stürme sind.

Das Ende der Finsternis: Wo sich Gaswolken zusammenballen, entsteht die erste Generation von Sternen.

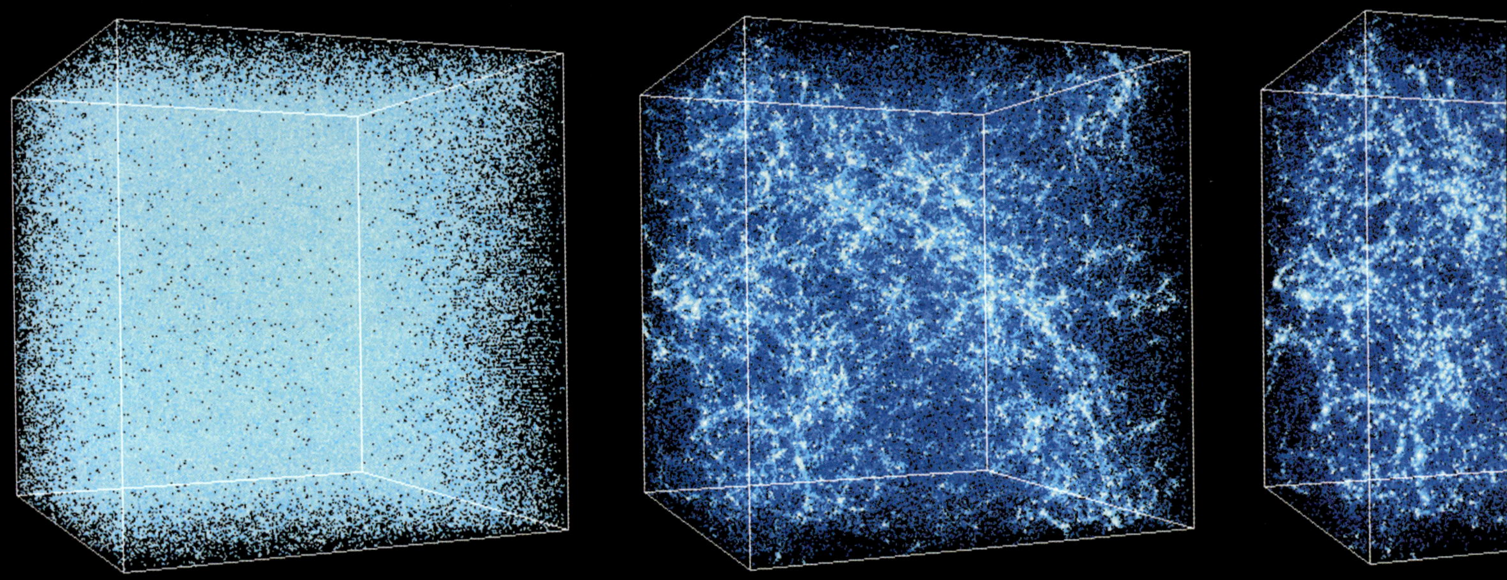

Unter dem Einfluss der Schwerkraft ziehen sich Gaswolken zusammen. So entsteht ein kosmisches Spinngewebe dunkler Materie mit ausgedehnten Leerräumen.

Vergrößerte Quantenfluktuationen aus der Zeit vor der Inflation, die nun der Evolution des Universums „ihren Willen aufzwingen". So wie in der mikroskopisch kleinen DNS im Zellkern die makroskopischen Merkmale des Individuums festgelegt sind, so ist es hier schemenhaft der Mikrokosmos, der die Grundlage für die Schönheit des Makrokosmos ist.

☆ Eine dieser vorweltlichen Launen der Quanten, einer der Wellenkämme bei der Materieverteilung, entwickelt sich zu dem Lokalen Superhaufen, dem unser eigenes Milchstraßensystems angehört – eine erhöhte Konzentration von Atomen, die später zerfällt in Galaxien,

Das Netz aus dunkler Materie, geordnet in bizarre

Molekülwolken, Sternhaufen und Planeten. Von einem dieser umherirrenden Kieselsteine blicken wir hinauf, tief in den Raum hinein und in die Zeit zurück, und wir erkennen die Flecken in der kosmischen Hintergrundstrahlung, die stummen Zeugen dieser frühen Schwankungen, das Konzept der kosmischen Kathedrale.

☆ Lange bevor die ersten Galaxien entstanden, bevor die ersten Sterne zu strahlen begannen und das Weltall in Glanz und Gloria auftrumpfte, spielt sich das Spiel der Schwerkräfte in der tiefen Finsternis der kosmischen Frühgeschichte ab. Die geheimnisvolle dunkle Materie, deren wahres Wesen niemand kennt, doch die viel mehr Gewicht in die Waagschale legt als eine Hand voll Wasserstoff- und Heliumatome, beginnt sich langsam zusammenzuballen und legt das Konzept fest, nach dem sich das Wachstum des Weltalls abspielen wird.

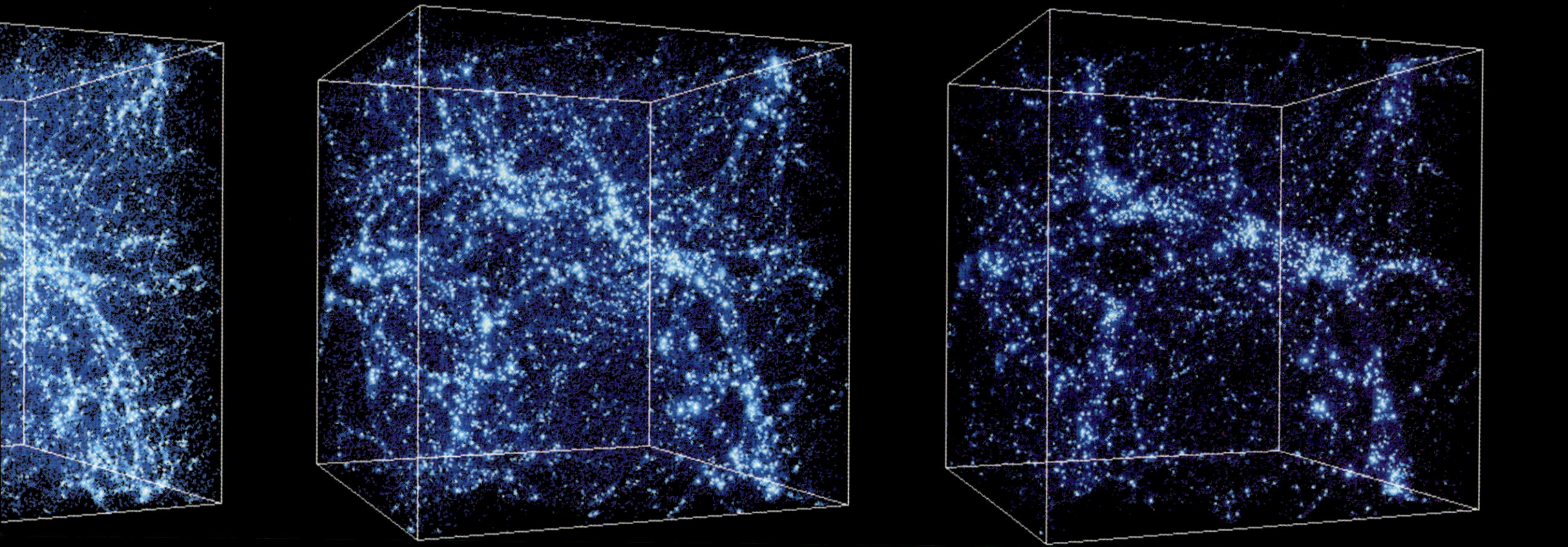

☆ Wo die Dichte der Materie etwas höher als durchschnittlich ist, ist die Schwerkraft nur wenig *stärker*. Andere Teilchen aus der Umgebung werden angezogen und gesellen sich zu der wachsenden Ansammlung. Schließlich beginnen die verschiedenen Materiewolken selbst ihre Schwerkraft zu spüren und auf einem höheren Niveau in der kosmischen Hierarchie aufeinanderzuzuströmen.

☆ All dies spielt sich ab in einem sich ausdehnenden Weltall, in dem die Materie durch den anschwellenden Raum auseinandergedrückt wird. Es scheint so, als ob die leereren Gegenden

Muster und Strukturen, ist das Skelett des Kosmos

im Kosmos, wo die Materiedichte nur wenig *niedriger* ist als durchschnittlich, wie Seifenblasen aufgeblasen würden, wobei die Materie – die Seifenlauge – zusammengedrückt wird, zuerst in dünne Wände, wo zwei Blasen sich berühren, danach in Fäden, wo drei Wände aufeinander treffen, und schließlich in den Knotenpunkten, wo sich vier Wände treffen. So verursachen Ausdehnung und Schwerkraft ein kosmisches Schisma, eine endgültige Zweiteilung zwischen Leere und Fülle, wo riesige Hohlräume voneinander getrennt werden durch ein merkwürdiges Gebäude aus Vliesen und Schleiern.

☆ Das Netz aus dunkler Materie, geordnet in bizarre Muster und Strukturen, ist das Skelett des Kosmos. Die Verteilung der Atome, der Materie, aus der die Welt um uns aufgebaut ist, folgt demselben Muster von Verdichtungen wie Schaum auf den Wellen eines aufgewühlten

Die ersten Sterne im Weltall sind ausnahmslos groß und schwer (oben). Auch heute entstehen manchmal solche Riesensterne (links), doch sie sind viel seltener.

Ozeans. So bilden die heutigen Galaxien in Wirklichkeit die leuchtenden Spitzen dunkler Eisberge, denn nur dort, wo die Materiedichte am höchsten ist, können die Sterne geboren werden, die das Weltall zum Leuchten bringen.

☆ Wenn das Weltall 14 Milliarden Jahre alt ist, zählt es mehr Sterne als die Strände der Erde Sandkörner. Doch eine Million Jahre nach dem Urknall ist es dunkel im Kosmos, zehn Millionen Jahre nach der Geburt des Weltalls ist das Einwohnermelderegister immer noch leer und sogar nach 100 Millionen Jahren muss die erste Generation der Sterne erst noch geboren werden.

☆ Wo der erste Stern aufflammte, weiß man nicht. Dass er nur kurz lebte, ist bekannt. Vielleicht gerade lange genug, um Zeuge der Geburt eines zweiten Sterns, eines dritten und eines vierten zu werden, die dann ganz schnell wieder erloschen, um Platz für die nächsten fünf, zehn und 100 zu machen. Wie Feuerzeuge, die von der Tribüne aufleuchten, wenn der Künstler auf der Bühne eine Liebesballade anstimmt, so werden überall die Sterne angeknipst, einer nach dem anderen, erst nur eine Hand voll, zögernd und schüchtern, doch dann ständig mehr und mehr, bis der Kosmos ein glitzernder Märchengarten mit funkelnden Sternen scheint. Nach Hunderten von Millionen Jahren sich ausdehnender tiefer Finsternis hat die Schwerkraft mit Engelsgeduld ihr Werk vollbracht und das Weltall zu Leben erweckt.

☆ Eine einfache Sache ist das nicht. Denn ein Stern wie die Sonne besteht hauptsächlich aus Wasserstoff und Helium, denselben Elementen, die im jungen Weltall reichlich vorhanden sind; doch eine flüchtige Gaswolke, die ebenso viel Wasserstoff- und Heliumatome wie die Sonne enthält, verwandelt sich nicht automatisch in einen strahlenden Stern. Obwohl die

Sterne sind der Motor für die kosmische Evolution. Sie pusten Gasblasen und Explosionswolken in den Raum hinein, angereichert mit neuen Elementen.

Schwerkraft doch gerne die Wolke so weit brächte, dass sie schrumpft, einstürzt unter dem eigenen Gewicht, sich ausliefert an die wechselseitige Gravitationskraft zwischen Trillionen Atomen, sind es diese Atome selbst, die letztendlich dem *Kollaps* widerstehen. Wenn im Innersten der schrumpfenden Wolke Dichte und Temperatur zunehmen und die Atome öfter zusammenprallen, beginnt der Einfluss des entstehenden Gasdrucks spürbar zu werden. Das Gas lässt sich nicht weiter zusammenpressen, der Gasdruck bietet der Schwerkraft die Stirn und die Geburt des Sterns bleibt für immer aus.

☆ Nur wenn die Gaswolke gigantische Ausmaße hat, wenn die Zahl der Wasserstoff- und Heliumatome Millionen Mal so groß ist wie die Sonne, erst dann muss der Gasdruck weichen vor der Schwerkraft, erst dann bereinigt der *Kollaps* den Konflikt. Nur wenn ausreichend Materie vorhanden ist, bildet die hohe Temperatur im Zentrum der sich zusammenziehenden Wolke kein Hindernis mehr für die Gravitation und kollabiert schließlich unerbittlich zu einem Stern.

☆ Die ersten Sterne im Weltall sind daher auch groß und schwer: Hunderte oder vielleicht Tausende Male so schwer wie die Sonne. Supersterne, kosmische Scheinwerfer – heißer und heller als die „Tannenbaumlämpchen", die später einmal das Weltall bevölkern werden. Die erste Lichtshow in der Geschichte des Universums, die Geburt der ersten Generation Sterne war ein blendendes Spektakel, eine atemberaubende Ouvertüre.

☆ Die gewaltige Masse dieser ersten Sterne ist auch der Grund für ihre kurze Lebensdauer. Die Sterne verdanken ihre Energie Kernfusionsreaktionen in ihrem Zentrum. Je mehr Wasserstoff und Helium ein Stern enthält, umso mehr Energie wird produziert. Daher ist anzunehmen, dass ein großer, schwerer Stern viel länger lebt als ein kleiner Zwergstern. Doch in der Praxis ist es genau umgekehrt. Ein kleiner Zwergstern erzeugt zwar wenig Energie, doch er strahlt diese Energie auch nur spärlich aus, wie ein sparsamer Student, der jeden Euro vor dem Ausgeben zweimal umdreht und auf diese Weise doch noch etwas sparen kann. Ein Riesenstern hingegen springt verschwenderisch mit seinem Energiehaushalt um, wie ein Lottospieler, der seinen Millionengewinn in kürzester Zeit verschleudert.

☆ Von Euros ist in so früher Kindheit des Weltalls noch keine Rede, von einem kostbaren Schatz allerdings wohl. Zum ersten Mal seit dem Urknall – inzwischen sind Hunderte von Millionen Jahren vergangen – werden erneut Atomkerne zu schwereren Elementen zusammengeschmiedet. Tief im Innersten des Sterns sind Druck und Temperatur ebenso hoch wie im Inferno der Schöpfung und wieder tritt eine Kernfusion auf: nicht nur die Umsetzung von Wasserstoff in

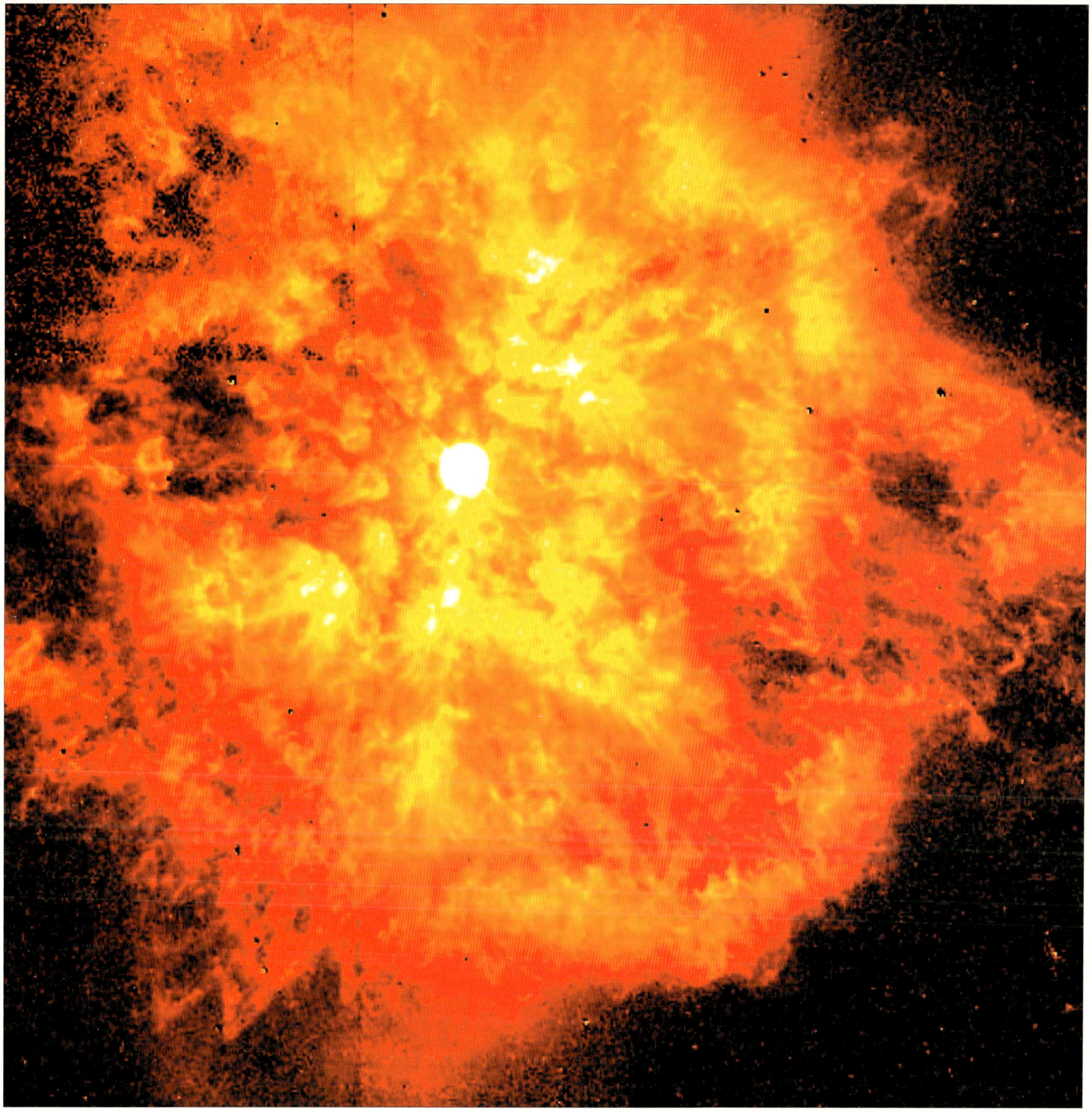

Helium, sondern, in einem späteren Entwicklungsstadium des Sterns, auch die Fusion von Heliumkernen zu noch schwereren Elementen wie Kohlenstoff und Sauerstoff.

☆ Mit der Geburt des ersten Sterns im Weltall ist die Grundlage geschaffen für Leben. Niemals zuvor in der Geschichte des Kosmos gab es stabilere Atomkerne mit mehr als nur einer Hand voll Protonen und Neutronen. Die Ursuppe bestand aus Wasserstoff und Helium, mit einem Hauch Deuterium und einer winzigen Messerspitze Lithium und Beryllium. Keine Atome, aus denen man komplexe Moleküle aufbauen kann, keine Elemente, die sich eignen für eine vielfältige, abwechslungsreiche Chemie. Ohne die Bildung von Sternen, ohne das Comeback der Kernfusion, ist die organische Chemie nicht möglich, bleibt Leben nur ein Hirngespinst.

☆ Der erste Stern im Weltall ist zugleich auch der erste Alchemist. In seinem Innern spielt sich das Wunder der chemischen Verwandlung ab. Hier werden Atomkerne aufeinandergepresst, verheddern sich Neutronen, Protonen und Neutrinos in ihrem Quantentanz und schwenken die Kernkräfte das Zepter über den Bau neuer Elemente. Die dabei freigesetzte Energie bahnt sich ihren Weg durch das heiße, zusammengepresste Sternenplasma, um dann an der Außenseite des Riesensterns in den dunklen, schwarzen Kosmos gestrahlt zu werden.

☆ Nun ist es der Strahlungsdruck – in Wirklichkeit die Energieproduktion des jungen, wüsten Sterns – , der das Insichzusammenbrechen der den Stern umschließenden Gaswolke verhindert. Der Stern pustet sein direktes Umfeld sauber, und Schockwellen in den kühlen Wasserstoffwolken führen zu anderen Verdichtungen und schließlich zur Bildung neuer Sterne.

☆ Sterne sind kosmische Kernzentren – himmlische Fabriken, in denen Grundstoffe in einem mörderischen Tempo in Halb- und Fertigprodukte umgewandelt werden. Wasserstoffatome

Der erste Stern im Weltall ist zugleich auch der erste Alchemist

werden zusammengepresst zu Helium, Helium verschmilzt zu Kohlenstoff, Kohlenstoff wird umgesetzt in Magnesium und Sauerstoff – und daraus entsteht später wieder Schwefel, Silizium und Aluminium. Getrieben vom Motor der Schwerkraft produzieren diese Fusionsfabriken außer neuen Elementen auch kolossale Mengen Energie. Sie füllen allmählich das Periodensystem und lassen das junge Weltall erstrahlen.

☆ Der Energieausbruch des einen jungen Sterns erzeugt in seinem Umfeld Schockwellen, aus denen die nächsten Sterne entstehen. Während an immer mehr Stellen neue Brandherde entstehen – entzündet durch die Schwerkraft – breitet sich das Fusionsfeuer in raschem Tempo aus, entlang an den Strängen und Vliesen, aus denen das kosmische Netz zusammengeströmter Materie besteht. Das dunkle Zeitalter des Universums ist endgültig abgeschlossen.

☆ Der ersten Sternengeneration, den Adams und Evas der Astrophysik, ist jedoch kein langes Leben beschieden. Innerhalb einiger hunderttausend Jahre ist der Brennstoffvorrat im Zentrum eines Sterns erschöpft, kommt die Kernfusion zum Erliegen und nimmt die Schwerkraft die Zügel wieder in die Hand. Der Kern des Sterns bricht in sich zusammen unter seinem eigenen Gewicht, von nichts und niemandem bewahrt vor einem katastrophalen *Kollaps*. Die Naturgesetze führen ein blindes Regiment und der Stern verschwindet wimmernd von der Bildfläche, in einem Wimpernschlag zu einem Schwarzen Loch entartet.

☆ Doch nicht der ganze Stern zieht sich hinter den Horizont des Schwarzen Lochs zurück. Druck und Temperatur im implodierenden Plasma klettern so hoch, dass die äußersten Gasschichten in den Raum geschleudert werden, mitgeführt von einer gewaltigen Flutwelle aus Photonen und Neutrinos. Der letzte Atemzug des Sterns gleicht einem heißen, alles versengenden Feuerball, der sich mit Lichtgeschwindigkeit ausbreitet und alles vernichtet, was ihm in die Quere kommt. Die Geburt des Schwarzen Lochs vollzieht sich in einer gigantischen Explosion, die im Bruchteil einer Sekunde mehr Energie erzeugt als die Sonne in zehn Milliarden Jahren. So wie ein Stern der Erstgeborene im Kosmos war, so ist auch ein Stern als Erster gestrauchelt beim

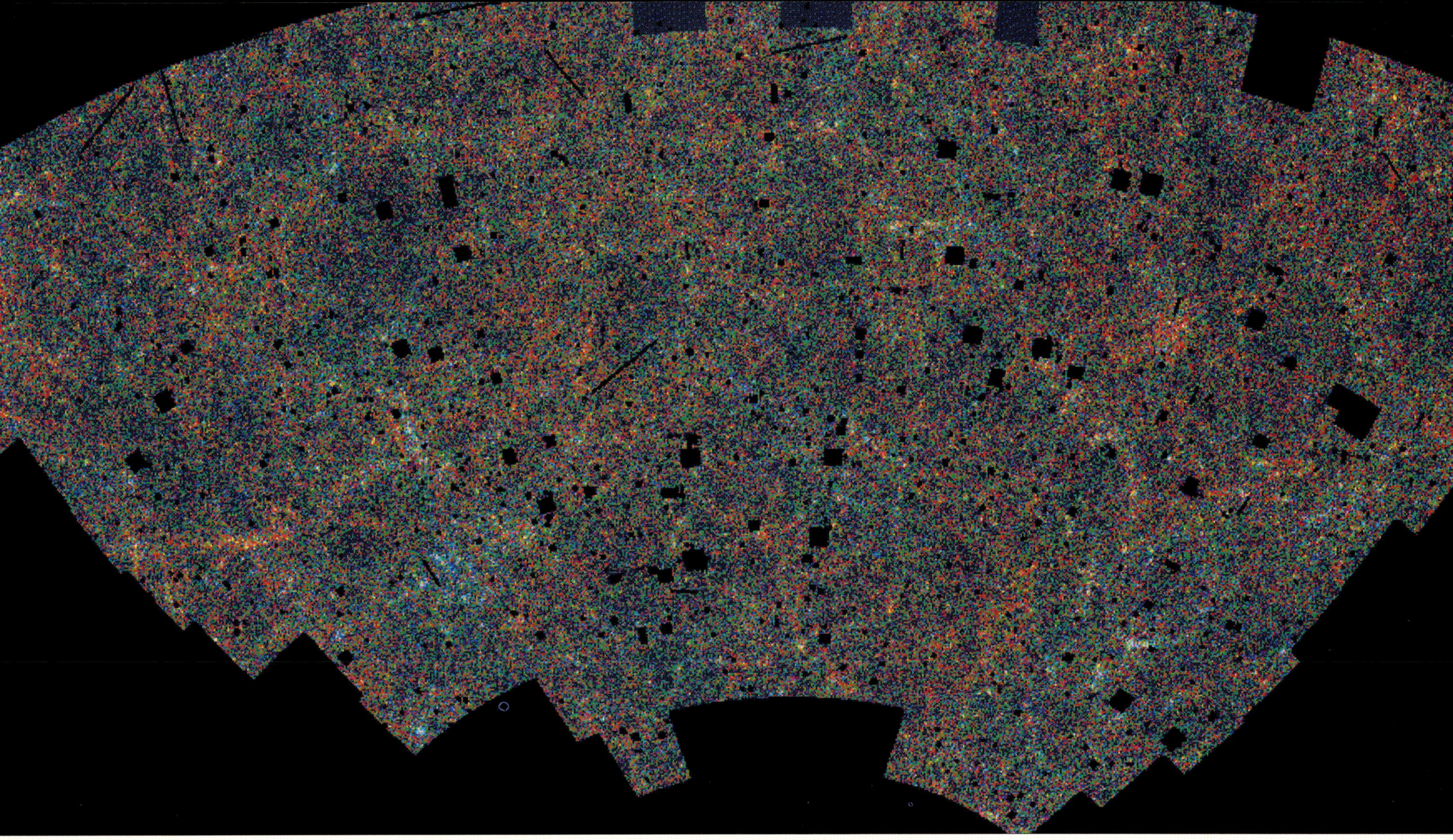

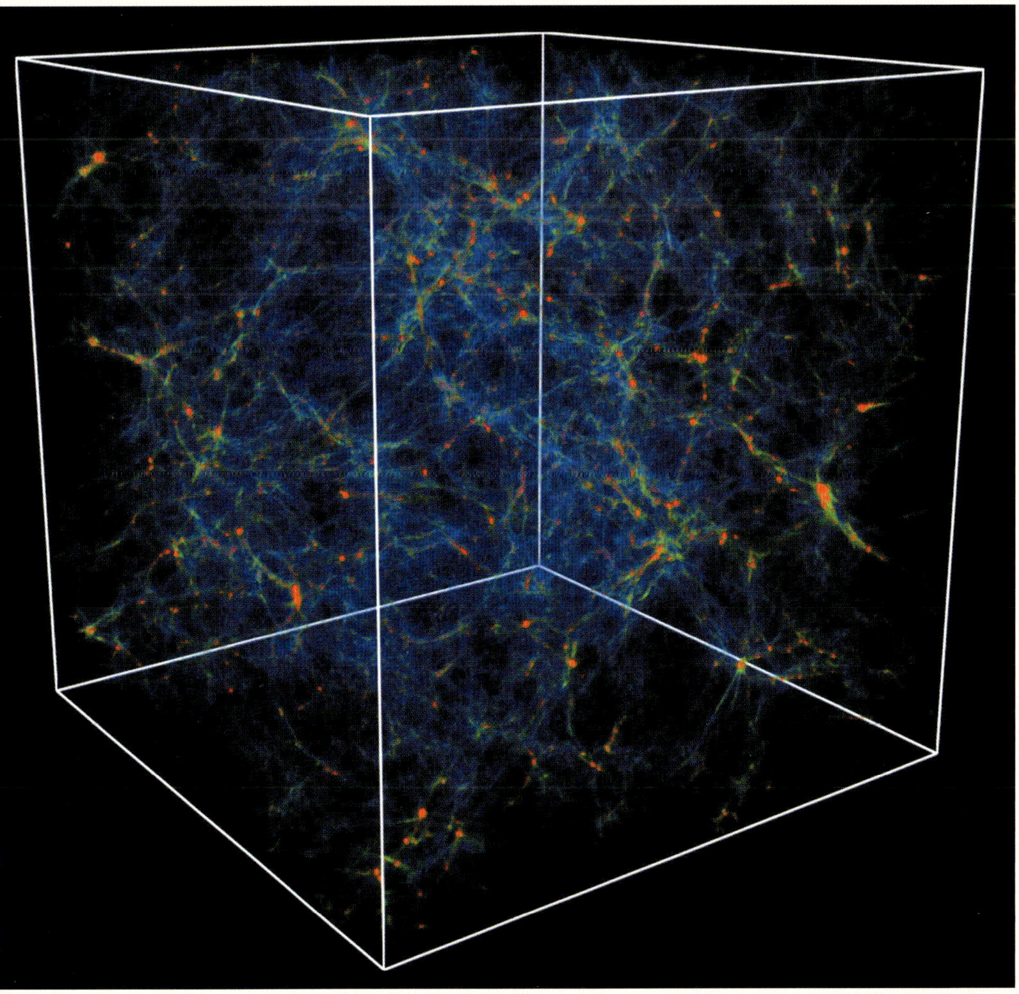

Indem sie die zweidimensionale Verteilung der Galaxien am Himmel (oben) mit dreidimensionalen Computersimulationen vergleichen (links), erforschen Kosmologen die Evolution der großräumigen Struktur des Weltalls.

Folgende Doppelseite:
Die Schwerkraft eines großen Haufens von Galaxien wirkt wie eine Linse und verformt das Bild ferner gelegener Objekte.

In Milliarden Lichtjahren Entfernung erkennen Astronomen kleine, unregelmäßige Galaxien, die kurz nach dem Urknall entstanden sind.

Galaxienhaufen sind die größten zusammenhängenden Strukturen im Weltall – die Ballungsgebiete des Kosmos.

Auftritt von Schwerkraft und Kernfusion. Es scheint, als leugne die Natur ihre Grenzen, als entdecke sie neue Wege und prüfe sie ungeahnte Möglichkeiten – die Synthese schwerer Elemente, die Produktion von Licht und Wärme, die Schrecknisse eines Schwarzen Lochs und nun die Furie einer Hypernova: Eine Explosion, die so heftig ist, dass der Rest des Kosmos erbleicht und der Urknall fast von seinem Sockel gestoßen wird.

☆ Mit der ersten galaktischen Explosion beginnt die kosmische Umweltverschmutzung. Die klaren Wolken aus Wasserstoff und Helium, die reinen Produkte des Urknalls, werden mit den Verbrennungsresten der stellaren Kernfusion verdreckt – mit Schlacken und Aschen aus den nuklearen Verbrennungsöfen. Das ist der Anfang des kosmischen Kreislaufs, der irgendwann einmal zur Geburt kleinerer Sterne, dunkler Wolken aus Staub und Ruß, kühler Himmelskörper aus Silizium und Eisen führt, zu Menschen aus Fleisch und Blut.

☆ Und während sich auf den Kämmen der Materiewellen das ewige Drama von Geburt, Leben und Tod abspielt, führt die Schwerkraft weit draußen ihr Werk fort. Die dunkle Materie ballt sich weiter zusammen in einem sich ausdehnenden Weltall, Gaswolken strömen über die unsichtbaren Kanäle des kosmischen Netzes zu den tiefsten Punkten im Schwerkraftfeld, und rund um das turbulente Spektakel von Sternbildung, Kernfusion und Schlussexplosion häuft sich stetig mehr und mehr Materie auf – Fundament für die Entstehung einer Galaxie.

Mit der ersten galaktischen Explosion beginnt die kosmische Umweltverschmutzung

☆ Wie die ersten Galaxien entstanden, ist ein ungeklärtes Mysterium, ein gut gehütetes Geheimnis, das der Kosmos bisher noch nicht preisgegeben hat. Die Details mögen zwar verborgen sein, doch das Resultat des hierarchischen Ordnungsprozesses ist offensichtlich: Aus einem fast faltenlosen, sich ausdehnenden Ozean kühler werdenden Gases wird das Weltall innerhalb weniger Milliarden Jahre zu einem dunklen, leeren Meer mit Inseln aus Licht, wie Glitzersteinchen auf schwarzem Samt – ein Archipel großer und kleiner Ansammlungen von Sternen, geordnet in Gruppen und Haufen.

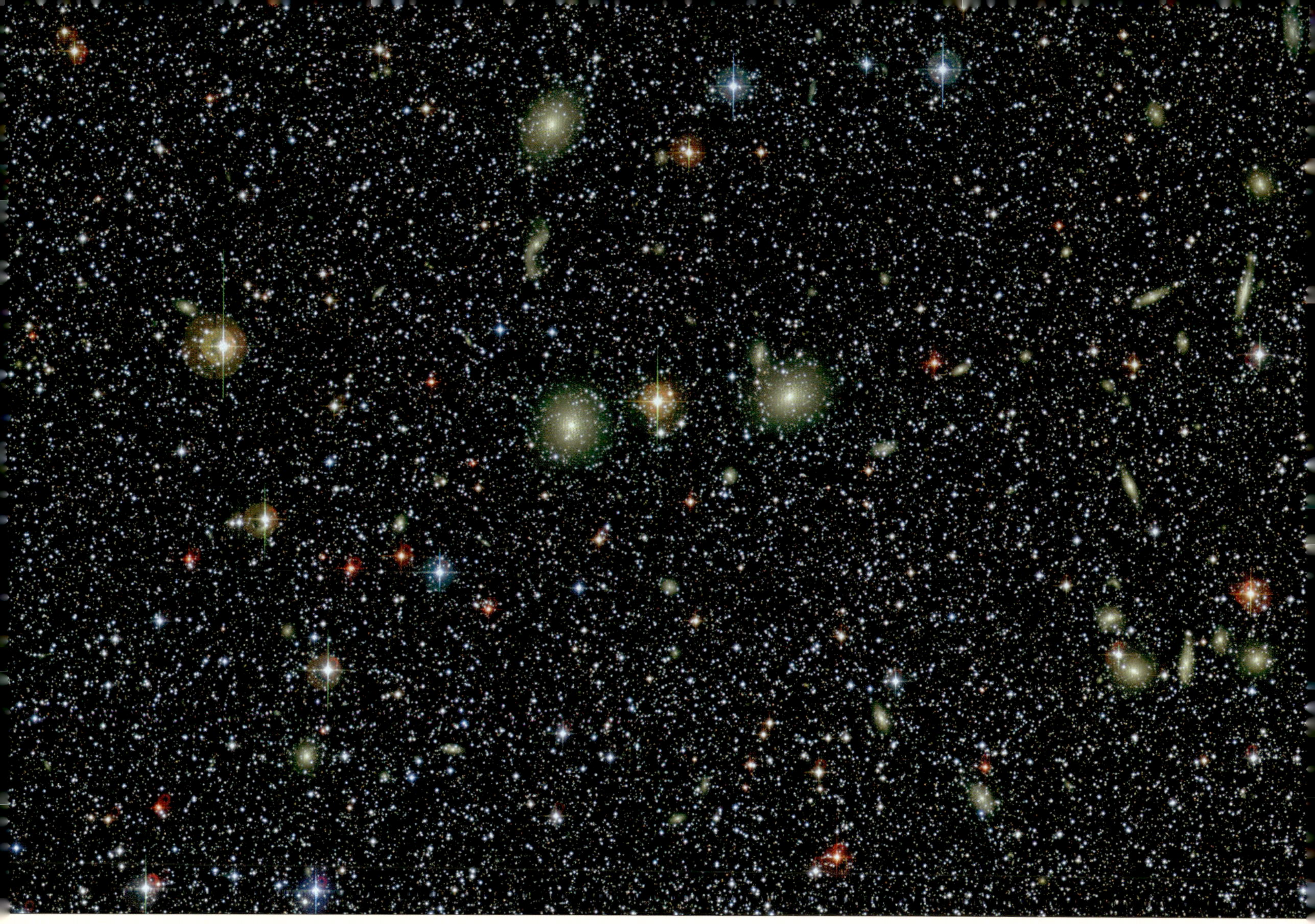

☆ Vielleicht entsteht jede dieser Protogalaxien um einen kurzlebigen Superstern herum, vielleicht findet die Geburt neuer Sterne in Gaswolken statt, die heimgesucht wurden vom verheerenden Feuerball einer Supernova und verschmutzt wurden von den Rückständen der kosmischen Alchemie, für immer gefangen in der Umklammerung der Schwerkraft des verbleibenden Schwarzen Lochs. Neues Leben im direkten Umkreis eines gewalttätigen Todes, glänzende und funkelnde Sterne im Schatten eines Schwarzen Lochs, wie Blumen an den Hängen eines zerstörerischen Vulkans.

Der Beginn eines kosmischen Kreislaufs, der irgendwann einmal zu Menschen führt

☆ Und ungerührt spult die Schwerkraft ihr Pensum ab, Gaswolken stürzen ineinander zu neuen Sternen und aus den Protogalaxien bilden sich größere Objekte mit mehr Struktur und Ordnung: das sind die frühen Vorläufer der ehrwürdigen Systeme, die heute das Weltall bevölkern, jedes mit seinem eigenen schwarzen Geheimnis, tief in seiner innersten Mitte. Fortan sind es die Galaxien, die die Hauptrolle übernehmen in der groß angelegten Entwicklung des Weltalls. Sie sind die eigentlichen Bausteine, aus der die kosmische Kathedrale gebaut wird.

3

Ordnung

Eindrucksvolle Spiralen mit alles verschlingenden Schwarzen Löchern in ihrem Zentrum, verzerrte Trümmerteile von kosmischen Zusammenstößen – Galaxien sind die Bausteine des Universums.

Das Milchstrassensystem ist der Wohnsitz von Sonne und Erde, die Residenz des Lebens, die Heimat des Menschen. Ein langsam rotierender Diskus aus Abermilliarden von Sternen, angeordnet in gewaltigen Spiralarmen, die locker um einen strahlenden Kern wirbeln. Im Zentrum dieses Kerns versteckt sich ein Schwarzes Loch, das ab und zu wütende Ausbrüche von Energie zeigt. In den Außenbezirken des Milchstraßensystems ist es ruhiger, dort geht die kosmische Evolution in Zeitabschnitten von Milliarden Jahren vor sich – die Geburt neuer Sterne, die Entstehung von Planeten, das schleppende Sterben von Sternen wie der Sonne. Und noch weiter außen, in dem kugelförmigen Halo, das die abgeplattete Galaxie nach allen Seiten hin umgibt, irren schwache, alte Sterne durch ein flüchtiges Bad dunkler Materie, und die Zeit scheint fast still zu stehen.

✧ Doch eine halbe Milliarde Jahre nach dem Urknall ist vom Milchstraßensystem noch keine Spur zu entdecken. Die Geburt von Sonne und Erde liegt noch viele Milliarden Jahre in der Zukunft. Die Produktion von Atomen, aus denen irgendwann einmal menschliche DNS aufgebaut wird, hat gerade erst begonnen. Der sich ausdehnende Kosmos ist noch klein und kompakt und die Entstehung von Galaxien steckt noch in den Kinderschuhen.

✧ Unregelmäßige Sternwolken sind es, die ersten Protosysteme. Zufällige Materieflocken, aufgewirbelt von der Schwerkraft und zusammengehalten von unsichtbaren Hüllen aus dunkler Materie. Klein und formlos – die Bausteine von imposanten Strukturen wie dem Milchstraßensystem. In diesen missgestalteten Zwergen muss die Ordnung sich noch finden. Flüchtige Gaswolken zerfallen an unvorhersehbaren Orten zu sich zusammenziehenden Globulen, aus denen wieder neue, schwere Sterne entstehen. Junge, ungestüm strahlende Sonnen, heiß und blau, entfachen Feuersbrünste, blasen Leerräume in das umgebende Gas und speien am Ende ihres kurzen Lebens Staub und Rauch. Neue Schwarze Löcher – die sterblichen Überreste dieser erloschenen Riesensterne – sacken in das Zentrum des Protosystems und verschmelzen mit dem bodenlosen Gravitationssatz, der dort bereits wartet.

Milliarden Sterne und launische Staubwolken tummeln sich im Zentrum des Milchstraßensystems.

✧ Und nicht nur die Prozesse im Protosystem selbst sorgen für Aufruhr. In diesem frühen Stadium, in dem die kosmische Ausdehnung gerade erst begonnen hat, sind die Entfernungen klein und wohnen die Nachbarn nur um die Ecke. Während jedes System schwerer wird, weil es fortwährend kosmisches Gas aus der Umgebung aufsaugt, „spüren" die Systeme auch ihre wechselseitige Schwerkraft. In komplizierter Formation schweben sie über die Tanzfläche,

Imposante Spiralarme umschlingen das Zentrum einer Galaxie, die unserem eigenen Milchstraßensystem sehr ähnlich ist.

wobei die kleinsten Sternwolken durch die Gezeitenkräfte der größeren auseinander gerückt werden, Doppel- und Mehrfachsysteme entstehen und formlose Klumpen, die sich langsam zusammenballen zu größeren Strukturen, zu den würdigen Vorläufern von Galaxien wie der unsrigen.

Beim Verschmelzen der kleinen Protosysteme wächst nicht nur die Menge des Gases und die Zahl der Sterne in der sich bildenden Galaxie, auch die Masse des zentralen Schwarzen Lochs nimmt zu. Was einmal als Schwarzes Loch begann, das einige Male so schwer war wie die Sonne, wächst heran zu einem Schwergewicht von Hunderten, Tausenden, Millionen Sonnenmassen. Bis weit in die Ferne beeinflusst die konzentrierte Schwerkraft dieses Monsters die Bewegungen von Sternen und Gaswolken. Angespornt zu eminenten Geschwindigkeiten kreisen sie um das schwere dunkle Zentrum, in dem vergeblichen Versuch, dem alles vernichtenden Sog des Schwarzen Lochs zu entkommen. Doch das Los des größten Teils der Materie in der unmittelbaren Umgebung ist schon lange besiegelt: Früher oder später wird sie für immer hinter dem Horizont der Schwerkraft verschwinden.

Dieser Trick des Verschwindens bleibt nicht unbemerkt. Ein Schwarzes Loch darf dann selbst kein Licht und keine Strahlen aussenden, die Materie in seiner direkten Umgebung tut es. Wie sich in einer sich leerenden Badewanne ein Strudel um das Abflussloch bildet, so

Kugelsternhaufen sind die ältesten Objekte im Weltall.

Ein Schwarzes Loch im Zentrum einer Galaxie erzeugt ein energiereiches Bündel sich schnell bewegender Teilchen.

häuft sich das spiralförmig nach innen strömende Gas auf zu einer rotierenden Scheibe, bevor es endgültig nach innen gesogen wird. Druck und Temperatur in dieser Scheibe steigen so stark, dass das Gas spontan beginnt energiereiche Strahlung zu erzeugen. So verbirgt das Schwarze Loch sich in einer strahlenden Hülle, die heller scheint als Milliarden Sonnen.

✧ Die Strahlung dieser Akkretionsscheibe kann so kraftvoll sein, dass der Zugang für neue Materie versperrt wird. Der Strahlungsdruck – die geballte Energie all dieser siedenden Photonen – nimmt den Kampf mit der Schwerkraft des Schwarzen Lochs auf und bewahrt kühleres Gas in größerer Entfernung vor dem verhängnisvollen Sturz in die Tiefe, so wie die Hitze eines Feuers Papierstückchen in der Luft tanzen lassen kann. Das Schwarze Loch verschlingt weniger,

Gefangen in einem Gravitationstanz und verformt durch die Gezeitenkräfte verschmelzen diese beiden Spiralen zu einer elliptischen Galaxie.

als es eigentlich möchte, seine Fresssucht wird gemäßigt durch die sengende Hitze der Mahlzeit.

✧ In den Zentren der ersten aktiven Galaxien gehen viele Prozesse vor sich. Neben Schwerkraft und Strahlungsdruck hat auch der Magnetismus eine störende Funktion. Die schwachen magnetischen Felder in den flüchtigen interstellaren Gaswolken irren umher und werden verzerrt durch den Schwerkraftsprung der Materie. Wo das Gas aufeinandergepresst wird, liegen die magnetischen Feldlinien dann dichter beieinander, sodass die Feldstärke stark zunimmt. Und wo das Gas herumwirbelt und rotiert, wickeln sich die Feldlinien auf wie Fäden auf einer Garnrolle.

✧ Viel stärker als durch die Schwerkraft des Schwarzen Lochs wird die Bewegung der elektrisch geladenen Teilchen – Atomkerne und freie Elektronen – beeinflusst, gesteuert und bestimmt durch dieses chaotische Wirrwarr unsichtbarer magnetischer Kraftlinien, die zudem ständig umherwandern und sich wieder neu ordnen. Elektromagnetische Kräfte peitschen die Materie auf zu irren Geschwindigkeiten in unerwartete Richtungen; ein Zerreißen der Feldlinien führt zu explosionsartigen Eruptionen, und im Kern des Systems liefern sich Gravitation, Gasdruck und Magnetismus einen heftigen Kampf um die Herrschaft über die Materie.

✧ Dies alles hat zur Folge, dass der Kern des Systems zwei schneidende Gasbündel in den Raum bläst – zwei harte Strahlen aus Protonen und Elektronen, senkrecht stehen sie auf der

Chaos, Aktivität und Aufruhr sind nun die Norm

rotierenden Akkretionsscheibe, genau entlang der Rotationsachse. Nur in diese zwei Richtungen kann das Gas ungehindert wegströmen, mit Geschwindigkeiten, die sich praktisch nicht von Lichtgeschwindigkeit unterscheiden. Das superschwere Schwarze Loch funktioniert wie ein kosmischer Teilchenbeschleuniger – ein gigantischer Motor, in dem die Schwerkraftenergie auf komplizierten Umwegen in Bewegung und Geschwindigkeit umgesetzt wird.

✧ In Entfernungen von Hunderttausenden von Lichtjahren vom Kern, wenn sie einen Teil ihrer Energie ausgestrahlt haben, werden die Teilchenbündel endlich abgebremst und durch die flüchtige Materie im Raum zwischen den Galaxien sogar zum Stillstand gebracht. Wie ein Wasserstrahl, der verweht, wenn er gegen den Wind gerichtet wird, verlieren die Gasstrahlen an Kraft und werden zu riesigen flüchtigen Wolken „verweht“, die nicht mehr heiß genug sind zur Erzeugung von Röntgenstrahlung oder sichtbarem Licht, doch deutlich sichtbar auf Radiowellenlängen.

✧ Und das sind die wichtigsten Elemente einer aktiven Galaxie: ein superschweres Schwarzes Loch, umgeben von einer glühend heißen, rotierenden Akkretionsscheibe, aus der zwei Materiebündel hinausgeblasen werden, die weit entfernt von der Galaxie zu gigantischen Radiowolken werden.

✧ Im jungen Weltall, wo die Entstehung der ersten Galaxien gerade erst in Gang kommt, gibt es viele aktive Galaxien. Schwarze Löcher schmelzen zusammen und nehmen an Größe und

Explosive Prozesse offenbaren sich auf einer Röntgenaufnahme vom Zentrum des Milchstraßensystems.

Neue Sterne flammen auf in einem Lichtkranz um den Kern dieser Galaxie, wahrscheinlich infolge eines vorausgegangenen Zusammenstoßes.

Masse zu; Nahrung in Form von einströmendem Gas ist reichlich vorhanden. Chaos, Aktivität und Aufruhr sind die Norm, nun da der Kosmos noch jung und ungestüm ist; erst später ziehen Ruhe und Regelmäßigkeit ein.

✧ Wer in diesem jungen Weltall um sich schaut, sieht die aktiven Galaxien in den unteschiedlichsten Erscheinungsformen. Schaut man direkt in ein Teilchenbündel, wird man geblendet durch die Strahlen des heranstürmenden Gases, was nochmals verstärkt wird durch einen relativistischen Doppler-Effekt, der dadurch verursacht wird, dass das Gas fast mit Lichtgeschwindigkeit auf einen zukommt. Solche „Blazare" sehen von weitem aus wie helle blaue Sterne, die schnelle, heftige Helligkeitsschwankungen zeigen.

✧ Schaut man von schräg oben auf die Galaxie, ist der Kern etwas weniger blendend, doch immer noch extrem hell. Oft ist auch Radiostrahlung wahrnehmbar, die entweder aus dem Kern selbst oder aus den Wolken an den Enden der ausgestoßenen Teilchenbündel stammt. Diese hellen Radiomasten werden „Quasare" genannt. Und wer die Galaxie von der Seite anschaut, dem bleibt der helle Kern hinter dicken dunklen Staubwolken verborgen und er sieht nur die beiden entgegengesetzt ausgerichteten Teilchenbündel und die Radiowellen. Blazare, Quasare und Radiosysteme – das sind die verschiedenen Ansichten ein und desselben kosmischen Monsters –, eines fresssüchtigen Schwergewichts, das sich in einer Glitzerwelt von Sternen versteckt, umschlossen von einem Gürtel aus glühendem Gas, und dessen Zuckungen und Rülpser bis in weite Fernen spürbar sind.

✧ Erst später, wenn der Nahrungsvorrat des Monsters schwindet, wenn der Quasarkern seine direkte Umgebung leer gesaugt hat, die Akkretionsscheibe verschwunden ist, die Teilchenstrahlen verkümmert sind und die Radiowellen verdampft, erst dann kommt die Galaxie wieder zur Ruhe, hat sie Form und Gestalt angenommen und beginnt unserem eigenen Milchstraßensystem ähnlich zu werden.

✧ In einer solchen Galaxie geht die kosmische Evolution weiter. Gaswolken ziehen sich zusammen, Sternhaufen fallen auseinander, neue Elemente entstehen in den kosmischen Kolben und Retorten der Astrophysik. Explosionen blasen Kohlenstoff, Stickstoff und Sauerstoff umher. In dunklen Wolken bilden sich immer komplexere Moleküle und irgendwann einmal wird

irgendwo in diesem System ein Molekül sich selbst kopieren, eine Zellteilung stattfinden, ein Herz schlagen. Alle Prozesse spielen sich in diesem galaktischen Ökosystem ab, das wie eine Insel von Licht durch den schwarzen Ozean des Kosmos gleitet – ein selbständiges Miniaturweltall, ein Universum im Liliputformat.

✧ Doch selbst in der unendlichen Weite des expandierenden Raums ist keine einzige Galaxie vollständig von ihrer Umwelt isoliert. Andere Galaxien steuern vorbei wie Schiffe in der Nacht, oft in sicherem Abstand, doch manchmal Angst erregend nah. Ab und zu ereignen sich katastrophale Zusammenstöße – kosmische Kollisionen, die die relative Ruhe im Raum rüde stören.

✧ Zwei große Galaxien auf Kollisionskurs „bemerken" die Anwesenheit der anderen schon lange zuvor. Die sich nähernden Galaxien sind keine starren Objekte wie Öltanker oder LKW, sondern bewegliche Wolken aus Sternen, Gasmassen und Sternhaufen, zusammengehalten von derselben Schwerkraft, die die Interaktion zwischen dem Duo bestimmt. An der „Vorderseite" der beiden Galaxien, wo der Abstand voneinander am geringsten und die wechselseitige Schwerkraft am stärksten ist, befreien sich Sterne aus der Umklammerung der Gravitation der Muttergalaxie, um mit stetig steigender Geschwindigkeit aufeinanderzu zu fallen. Die Systeme beginnen, ihre geordnete Struktur zu verlieren und desintegrieren sich langsam an den Rändern wie Heerscharen auf dem Schlachtfeld, wenn die Soldaten zum ersten Gefecht in die Frontlinie vorrücken. Die Arme werden von den Gezeitenkräften aus der Spirale gelöst und gerade gezogen, Sterne fliegen herum wie Glassplitter bei einem Verkehrsunfall, Wolken aus Gas und Staub kommen in Bewegung und bilden Verdichtungen und Schockwellen.

✧ Verformt und verzerrt, umgeben von Wolken und Schleiern aus glitzernden Trümmern, schieben die beiden Systeme sich ineinander, wie in einer Zeitlupe, die viele Millionen Jahre dauert. Doch ein verhängnisvoller *Crash* bleibt aus. Die Galaxien kommen nicht zur Ruhe, sondern wie Geisterschiffe gleiten sie quer durcheinander, um ihr Rennen durch den Raum noch übler zugerichtet fortzusetzen, eine vielsagende Spur der Vernichtung hinterlassend. So wird deutlich, dass sogar eine Galaxie hauptsächlich aus Leerräumen besteht, dass einzelne

‹‹ Zwei Schwarze Löcher, jedes mit einer eigenen Akkretionsscheibe, nähern sich einander bei einer Verschmelzung von Galaxien.

‹ Ein Quasar bläst Materie in zwei Bündeln weg, die der Rotationsachse des zentralen Schwarzen Lochs entsprechen.

Faserige Gasschlieren und Geburtswellen neuer Sterne sind die spürbaren Folgen einer katastrophalen Explosion im Kern dieser missgebildeten Galaxie.

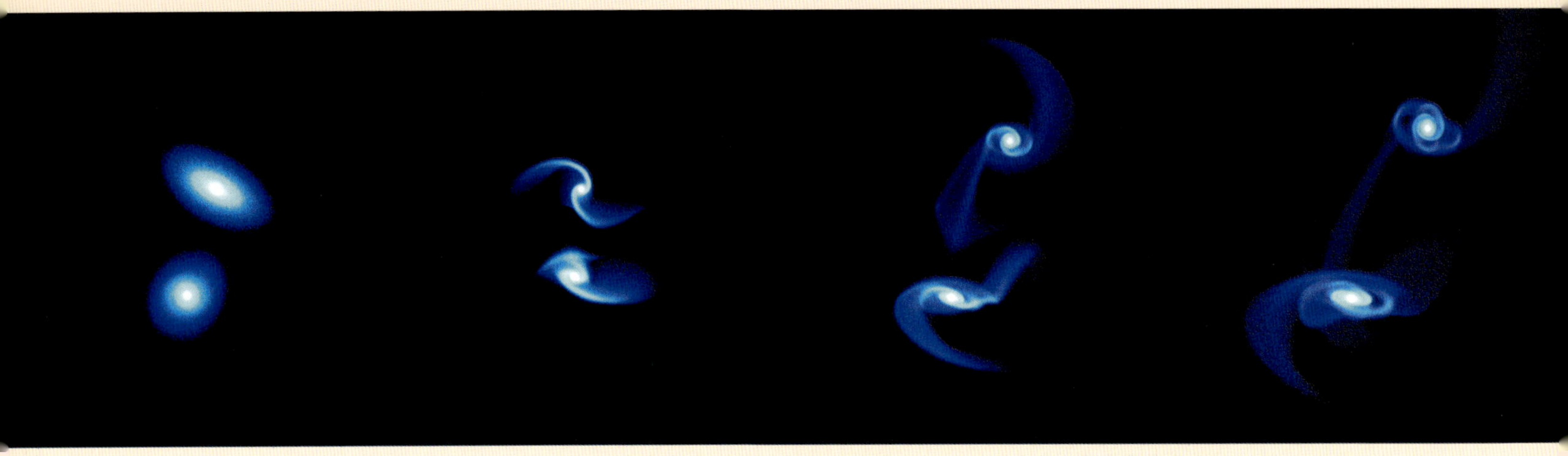

Sterne so weit voneinander entfernt sind, dass die beiden Galaxien sich wie zwei Mückenschwärme begegnen: ohne sich wirklich zu berühren. In beiden Galaxien werden die Umlaufbahnen der Sterne ernstlich gestört durch das Kräftespiel des kosmischen Meetings, doch Zusammenstöße von Sternen gibt es nicht oder kaum.

✧ Was für die Sterne gilt, gilt nicht für interstellare Materie in den Galaxien. Die flüchtigen Gas- und Staubwolken kollidieren kräftig mit allen entsprechenden Folgen. Das Gas wird erhitzt, Schockwellen breiten sich aus mit hoher Geschwindigkeit, und vielerorts steigt die Dichte so stark, dass die Schwerkraft die Oberhand gewinnt und richtige Geburtswellen mit neuen Sternen durch die Galaxien spülen. Nicht nur in den Galaxien selbst, auch in den

Die kosmische Verschmelzung kulminiert in einem himmlischen Feuerwerk

herumschlingernden Gezeitenschleiern flammt das Feuer der Sternbildung erneut auf und überall wird das dunkle Holz der kosmischen Schiffswracks erleuchtet von dem hellblauen Schein junger Sternhaufen.

✧ Auch die Schwarzen Löcher in den Kernen der beiden Galaxien bleiben nicht untätig. Durch die Wucht des Zusammenstoßes sind sie jäh erwacht aus ihrem Schlummer, und das dynamische Chaos, verursacht durch die Schwerkraft, streckt seine Tentakel bis tief ins Herz der Galaxie. Die aus ihrer Bahn gestoßenen Sterne werden Beute der Schwerkraft des Schwarzen Lochs, aufgestautes Gas wird nach innen gesogen. Das Monster wird wieder gefüttert, die Akkretionsscheibe erholt sich, der Kern des Systems speit Elektronen und Radio- und Röntgenlicht. Das eigentliche Zusammentreffen ist geschehen, doch die verzerrte Galaxie zuckt und zittert noch lange, flirrend vor Energie und für immer gezeichnet durch die Gewalt des Zusammenstoßes.

✧ Anderswo, wo die relative Geschwindigkeit zweier kollidierender Galaxien niedriger ist, verläuft das Schauspiel ganz anders. Die doch viel zu geringe Geschwindigkeit sackt weiter ab durch die gegenseitige Reibung von interstellaren Gaswolken. Die Systeme werden abgebremst, Bewegungsenergie wird umgesetzt in Hitze, neue Sterne flammen auf, doch die beiden

Zwei Galaxien verschmelzen in dieser Computersimulation miteinander, nach ihrer Verformung durch Gezeitenkräfte.

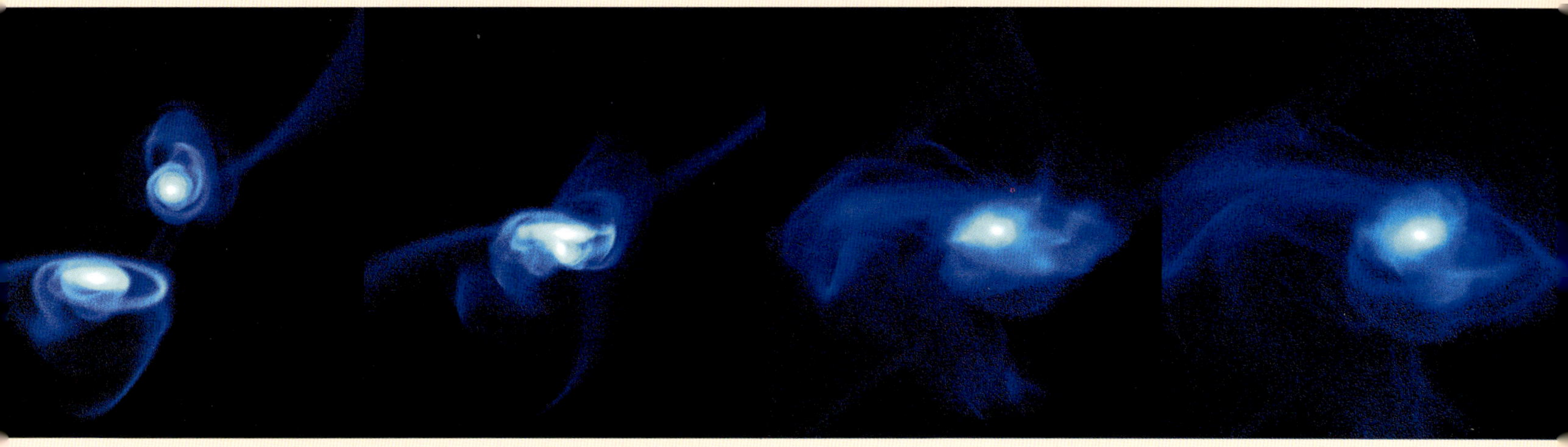

Systeme bringen nicht mehr die Kraft auf, sich noch der gegenseitigen Schwerkraftumklammerung zu entziehen. Gerade wieder entfernen sie sich voneinander, doch ihr Schicksal ist besiegelt: Sie fallen zurück, schaukeln noch ein wenig im gegenseitigen Gravitationsfeld, aber schließlich verschmelzen sie zu einer einzigen großen Riesengalaxie.

Eine solche kosmische Verschmelzung äußert sich in einem himmlischen Feuerwerk. Auch hier wird die Gefräßigkeit der Schwarzen Löcher in den Zentren der beiden Galaxien angeheizt und ihr Heißhunger zeigt sich in stechenden Teilchenbündeln und Explosionen mit alles durchdringender Strahlung. Doch dabei bleibt es nicht. Die zwei Schwarzen Löcher bewegen sich immer mehr aufeinander zu, lassen sich hineinziehen in einen wilden Kreistanz, sprühen schwankende Fontänen aus Materie und Energie in den Raum und verschmelzen schließlich zu einem superschweren Gravitationsmonstrum. Das neue Riesensystem brennt lichterloh, die Aktivität des gewichtigen Herzens ist heftiger denn je, und bis in ferne Regionen wird das kosmische Dunkel vertrieben durch das gleißende Licht des Quasarkerns.

Von dem ursprünglichen Aussehen der beiden verschmolzenen Galaxien ist wenig geblieben. Unbekleidet und abgetakelt sind sie, ihre Spiralarme sind lang gezogen, ihre Sterne aus der Spur geraten. Verschwunden ist die ordentliche Struktur, die regelmäßige Erscheinung, der symmetrische Aufbau. Kreuz und quer suchen die verstörten Sterne nach einem neuen Gleichgewicht in einem größeren und schwereren Zuhause. Lässt man sie nur lang genug in Ruhe, dann finden sie vielleicht das neue Gleichgewicht und entwickelt sich vielleicht eine neue Spiralstruktur, majestätischer und imposanter als je zuvor. Doch meist kommt es nicht so weit. Meist wird das neue Riesensystem – mit seiner vergrößerten Schwerkraft – nach kurzer Zeit andere Galaxien anziehen und verschlucken, neue Opfer fordern. So bildet sich letztendlich eine elliptische Galaxie: eine gigantische Ansammlung von Sternen, die in den verschiedensten Bahnen um das Zentrum kreisen, oft in einfachen Kreisen, doch häufiger etwas abgeflacht, wie bei einem Kürbis, oder etwas lang gezogen, wie bei einem Rugbyball. Im Gegensatz zu den imposanten Spiralsystemen, wie unserem eigenen Milchstraßensystem, zeigen die elliptischen Galaxien keine ordentliche Rotation auf einer ebenen Fläche, bei der sich die Sterne um den Kern bewegen wie Moslempilger um die Kasba, sondern eine chaotische dreidimensionale Dynamik, die eher an einen Wespenschwarm denken lässt.

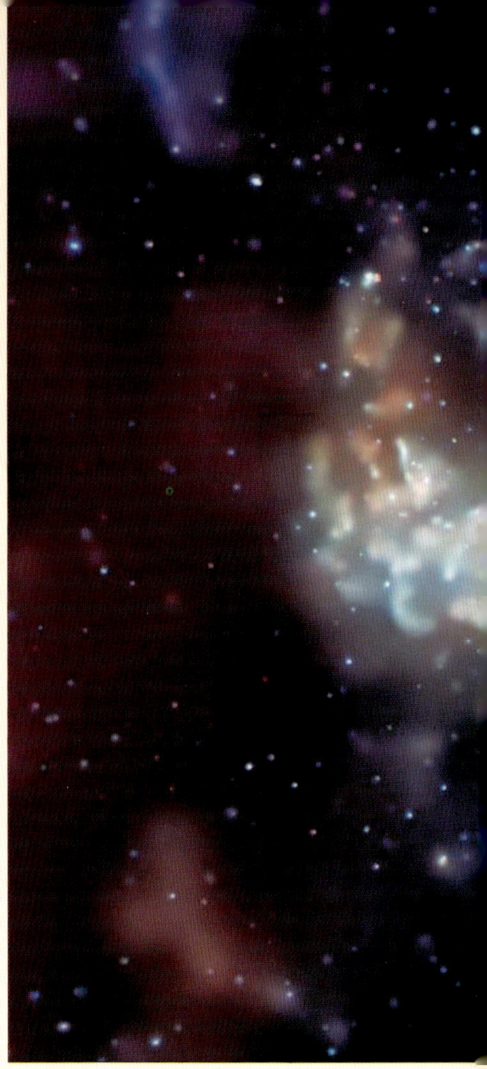

Nicht alle Spiralsysteme verbergen in ihrem Innern ein dunkles Geheimnis (links), aber Röntgenstrahlen aus dem Zentrum unseres eigenen Milchstraßensystems deuten auf ein Schwarzes Loch hin (Mitte). Übrigens kann ein Zusammentreffen von zwei Galaxien auch eine optische Täuschung sein (rechts).

✧ Nur wenige Galaxien entgehen dem Kollisionstanz. Wenn sie nicht frontal mit einem anderen großen System zusammenstoßen und ihre Reise durch den Kosmos missgestaltet und ramponiert fortsetzen oder wenn sie ihre Identität durch Verschmelzung mit einem trägen Artgenossen verlieren, dann verschlucken sie selbst auch mal kleinere Systeme aus ihrer Umgebung – formlose Zwergsysteme, Minispiralen oder kleine elliptische Sternansammlungen. Oft sind die „Fußspuren" dieser Eindringlinge noch lange deutlich zu sehen in Form von losgerissenen Sternschleiern mit andersartigen Farben, Doppelkernen mit vielleicht auch doppelten Schwarzen Löchern oder Sternpopulationen im Zentrum, die sich quer zur normalen Drehrichtung in das System hinein bewegen. Keine einzige Galaxie ist allein, Interaktion ist die Norm. Nichts und niemand entzieht sich der Evolution des alles umfassenden Kosmos.

✧ So entwickelt sich das Universum – einst ein ziemlich homogener Ozean aus glühendem, heißem Gas – zu einem bunten Naturalienkabinett von Galaxien in den unterschiedlichsten Größen und Formen: ungelenke, bombastische elliptische Riesen; zierliche Spiralen, oft so gerade wie eine Sprungfeder, dann wieder lose wie ein Rasensprenger; seltsame Linsen- und Ringsysteme; unregelmäßige Zwerge und dunkle Spuksysteme – jedes einzelne eine Skulptur

der Schwerkraft, in Gruppen geordnet, Haufen und Superhaufen. Jedes hat seine eigene Identität, doch der wechselseitige Einfluss ist stetig; vielfarbig, wie die Einwohner einer Weltstadt. Galaxien sind die reich schattierten Bewohner des Weltalls, die vielgestaltigen Bausteine des Kosmos.

✧ Unser Milchstraßensystem ist einer dieser Bausteine: eine große Spiralgalaxie an der Peripherie eines gigantischen Haufens. Eine gravitätisch rotierende Scheibe aus funkelnden Sternen, glühenden Gasnebeln und dunklen Staubwolken; eine abgeplattete und lang gezogene Anhäufung alter Sterne im Kern, die verharren um ein schlummerndes Schwarzes Loch; ein ausgedehntes Halo dunkler Materie und umherschwebende Sternhaufen. Hier wohnen die Weißen Zwerge und Roten Riesen, die Pulsare und Mikroquasare, Supernova-Explosionen und Planetarische Nebel.

✧ Und hier, in den Außenbereichen dieser Galaxie wird irgendwann die Sonne geboren. Hier backen Staubteilchen zu Planeten zusammen, rieseln organische Moleküle auf die heiße Oberfläche der jungen Erde nieder, weht der Wind durch Gräser und Farne, blättert ein Leser eine Seite um. Irgendwann. Doch jetzt noch nicht. Die Welt um uns herum, diese Welt muss noch entstehen. Der kosmische Kreislauf kommt gerade erst in Gang.

4

Geburt

Durch die dunklen Katakomben kosmischer Gaswolken hallt der Geburtsschrei neuer Sterne. Hier entsteht die bunte Gesellschaft der blauweißen Superriesen und roten Zwerge.

Die Geburt ist ein wundersamer Vorgang. Ehrfurcht gebietend, jedoch auch langwierig und schmerzvoll. Neues Leben ist nicht selbstverständlich, erscheint nicht unbemerkt. Jede Geburt ist einen Augenblick lang der Mittelpunkt des Kosmos – ein abrupter, emotionaler Schritt aus der Geborgenheit hin zu ergreifender Verletzlichkeit; ein seltsames Gemisch aus stiller Zartheit und blutigem Schrei. Jedes Neugeborene ist ein Wesen voller unbekannter Versprechen, voller unerwarteter Möglichkeiten.

☆ In der kosmischen Wiege des Milchstraßensystems ereignet sich ein ebenso großes Wunder, mit derselben Heftigkeit und einer vergleichbaren Kraft. Sterne haben kein Herz und keine Seele, sie atmen und denken nicht und pflanzen sich nicht fort. Dennoch kennen sie Anfang und Ende, Erscheinen und Verschwinden, Leben und Tod. Genauso wie die Geburt eines Kindes spielt sich die Geburt eines Sterns in Begleitung von Gewalt und Stöhnen ab, im trägen Tempo des Makrokosmos, doch schließlich ist sie da, diese sprießende Knospe, dieses neue Leben.

☆ Schon seit kosmischer Vorzeit erblicken neue Sterne das Licht der Welt. Schon vor der Entstehung des Milchstraßensystems fand andernorts die Geburt siedender Sonnen statt. Tief in ihrem Innersten bereiten die Kernkräfte den Elementemix vor, aus dem später, viel später, echtes Fleisch und Blut entsteht. Überall im Kosmos arbeitet die Natur an der Bereicherung der Materie, an der Erweiterung der chemischen Vielseitigkeit. Unermüdlich bilden Milliarden Sterne Tag für Tag gewaltige Mengen Kohlenstoff, Sauerstoff und Silizium. Rauchende Riesen und sprühende Supernovae verstreuen diese kostbare Asche über das schwarze Meer des Universums wie Baumaterial für neue Sterne, neue Welten, neues Leben.

☆ Und neben neuen Elementen entstehen als Folgeerscheinungen des Lebens eines Sterns auch neue Verbindungen – Moleküle aus kettenartig aufgereihten Atomen. Einfache, wie molekularer Wasserstoff und Kohlenmonoxid, jedoch auch komplexe Verbindungen von drei, fünf oder zehn Atomen, Makromoleküle mit Kohlenstoffketten und -ringen, kleine Rußteilchen, Silikatkristalle und Staubkörnchen. Die Aschenschublade eines Sterns entleert sich fast ganz in den Raum; die abgekühlten Verbrennungsrückstände aus der viele hundert Millionen Jahre dauernden Kernfusion trudeln durch den Kosmos. Dort vermischen sie sich mit den flüchtigen Gaswolken im interstellaren Raum – eine leichte Verunreinigung der kosmischen Urmaterie.

☆ Viel ist das nicht: höchstens ein winziges Staubteilchen in einem 20 m großen Kubus. Kosmische Staubwolken sind sauberer als die modernsten *Reinräume* auf der Erde. Doch ihre unvorstellbare Flüchtigkeit wird reichlich ausgeglichen durch ihre ebenso unvorstellbaren

Junge Sterne flammen in diesem bunten Nebel aus Gas und Staub auf.

Sternentstehung vor der Haustür: Der Orion-Nebel ist 1600 Lichtjahre entfernt.

Ausmaße. Wie das Licht der untergehenden Sonne sich rot färbt und abschwächt, da es einen weiten Weg durch die Atmosphäre der Erde zurücklegen muss, ebenso verfärbt und verringert sich das Licht ferner Sterne, wenn es diese ausgedehnten Wolken durchdringt. Oft blockieren die Staubwolken sogar die Sicht auf entfernter liegende Sterne und Nebelflecken und erscheinen als pechschwarze Flecken auf Nahaufnahmen vom Sternenhimmel.

In diesen gewaltigen Wolken, die sich oft dunkel vor dem Hintergrund heller Sterne abheben, doch häufig auch unsichtbar sind wie eine Krähe in der Nacht, vollzieht sich das Wunder der Sternengeburt. Wolken aus kühlem Gas, Moleküle und kosmischer Staub; dunkle Kokons, durch die praktisch keine Strahlung dringt; verborgene Brutstätten neuen Lichts und Lebens.

Auf den ersten Blick scheinen diese Wolken sich wenig von den Wolken aus reinem Wasserstoff- und Heliumgas zu unterscheiden, aus denen vor Milliarden Jahren die allererste Generation von Sternen im Weltall entstand. Auch damals kollabierten zufällige Verdichtungen unter dem eigenen Gewicht, auch damals entstanden heiße Protosterne, die, sobald ihre Kerne für die nukleare Selbstzündung heiß genug waren, unendlich hell aufflammten. Doch nun vollzieht sich die Sternbildung nach einer anderen Dramaturgie, in der nicht nur Riesensterne Dienst tun, sondern auch Spielraum ist für kleine Sterne wie unsere eigene Sonne.

Dies machen die Gasmoleküle möglich. Während eine kollabierende Wolke aus losen Wasserstoffatomen so heiß wird, dass ein weiterer Kollaps durch den Gasdruck verhindert wird – es sei denn, die Wolke hat riesige Ausmaße, sodass ein gigantisches Monster entsteht –, fungieren Moleküle als wirksame Kühlaggregate, die die sich zusammenziehende Wolke kühl halten. Moleküle, die aus zwei Wasserstoffatomen bestehen, beginnen unter dem Einfluss zunehmenden Drucks und zunehmender Temperatur zu zittern und zu vibrieren und strahlen die absorbierte Energie danach auf langen Wellenlängen aus – Infrarot- und Millimeterstrahlung, die ungehindert der dunklen Wolke entrinnen kann.

Dank des kosmischen Kühlmechanismus bleibt die Temperatur in einer sich zusammenziehenden Verdichtung relativ niedrig und es gelingt der Schwerkraft, sie durch den Gasdruck in kleine dunkle Globulen zu transformieren. Ohne das Einschreiten der Moleküle,

Dunkle Globulen verdichten sich zu neuen Sternen, die ihr Umfeld erstrahlen lassen und Schockwellen in flüchtigen Gas- und Staubwolken auslösen.

die es in der frühen Kindheit des Weltalls noch nicht gab, wären nie Sterne wie die Sonne geboren worden und wäre das Milchstraßensystem durchzogen von einer Hand voll verschwenderisch strahlender Riesensterne, die viel zu schnell ausgebrannt wären, um der Entstehung von Leben auch nur einzige Chance zu geben.

☆ Doch entstehen in den Molekülwolken die Riesensterne als Erste. Tief in den dunklen Abgründen der Gas- und Staubwolke, in einer Verdichtung, die vielleicht Folge einer zufälligen Turbulenz ist, stürzt die Materie sich mit steigender Geschwindigkeit in den Abgrund der Schwerkraft. Gereizt durch innere Wirbel und aufgescheucht durch die ständig zunehmende Rotation fällt die wärmer werdende Wolke in einzelne Fragmente auseinander, die jeweils

Dunkle Staubwolken erodieren durch die ultraviolette Strahlung eines jungen Sternhaufens (rechts oben) zu langen „Fingern".

ihren eigenen Kollaps erleben. Oft vier oder fünf, oft zehn oder 20 – die Vorläufer ebenso vieler Sterne, jeder für sich noch schwerer als die Sonne, die einer nach dem anderen aufleuchten, wenn die Kernfusionsreaktionen in ihrem heißen Zentrum in Gang kommen.

So bildet sich in den dunklen verborgenen Krypten der Molekülwolke ein strahlender Sternhaufen – ein Schwarm funkelnder Lichter in tiefster Nacht. Recht ausgewachsen, doch noch unsichtbar für die Außenwelt, wie ein ungeborenes Baby, das im Begriff ist, die warme Geborgenheit des dunklen Mutterschoßes zu verlassen.

Die jungen schweren Sterne erzeugen gigantische Mengen Energie: Wärmestrahlung, sichtbares Licht, doch auch ultraviolette Strahlung – Photonen, die so energiereich sind, dass sie Staubteilchen verdampfen lassen, Moleküle zerschlagen, Atome ionisieren. Es ist, als ginge in der Molekülwolke eine quälend langsame Explosion vor sich, die den Raum um den Sternhaufen herum sauber pustet, Schockwellen durch die flüchtige Materie jagt, einen riesigen Hohlraum schafft, in dem die gerade entstandenen Sterne herrschen.

Manchmal, wenn dieser Hohlraum dicht unter der Oberfläche der Molekülwolke entsteht, kann er wie eine Geschwulst aufbrechen. Dann erscheint auf der Außenwand ein tiefer Krater mit ausgefransten Rändern aus Staub, von innen angestrahlt und erleuchtet durch den jungen Sternhaufen, der noch immer umgeben ist von dünnen Fetzen und Schlieren der flüchtigen

Alles ist konstant im Fluss und nichts ist für die Ewigkeit

Materie, aus der er geboren wurde. In diesem erhitzten, glühenden Gewebe aus Gas entstehen heftige Schockwellen, die für neue Verdichtungen sorgen, neue Globulen, in denen die Schwerkraft ihr Werk verrichtet, neue kollabierende Massen, die wiederum auseinander fallen in einzelne Protosterne.

Eine Geburtswelle neuer Sonnen greift wie ein Feuer um sich. Manchmal erlischt die Gewalt nach kurzer Zeit wieder, kommt diese Welle nicht recht in Gang; in der Molekülwolke glimmt hier und dort ein kurzlebiges Feuer, danach nehmen Ruhe und Finsternis ihr Regiment wieder auf. Doch an anderer Stelle nimmt der *Babyboom* epidemieartige Formen an und der Sternbildungsvorgang erreicht einen kritischen Punkt: Es folgt eine wahre Bevölkerungsexplosion, die in kurzer Zeit fast die ganze Molekülwolke verbraucht. So bilden sich Supersternhaufen aus Zehn- oder Hunderttausenden kosmischer Kernkraftwerke, in denen kühles Gas und Staub aus der ursprünglichen Wolke effizient entzündet und in Strahlung und neue Elemente umgesetzt werden.

Dies alles spielt sich im gemächlichen Tempo des Kosmos ab, in dem jeder Wimpernschlag ein Jahrhundert dauert und die Metamorphosen sich in Zeiteinheiten von 1000 Jahren vollziehen. Der Herzschlag des Weltalls, der Puls des Universums ist ebenso träge wie der Rhythmus der Geologie auf unserem eigenen Heimatplaneten, wo Kontinente über die Erdoberfläche treiben, Platten zusammenstoßen und den formbaren Mantel eindellen, Gebirgsketten aufwerfen, und wo überall das hämmernde und knatternde Stakkato von Erdbeben und Vulkanen widerhallt. Ebenso sehr wie der ewige Eindruck des Himalaja ist die zeitlose

Beständigkeit des Weltalls ein Artefakt menschlicher Perzeption, denn alles in der Natur ist konstant im Fluss und nichts ist für die Ewigkeit in einem Kosmos, in dem Mikrosekunden, Menschenleben und Milliarden Jahre nur zufällige Markierungen auf der Messlatte der Zeit sind.

☆ Vom Menschen ist jedoch noch keine Spur zu entdecken, und die zahllosen Atome, die später den Mount Everest entstehen lassen, sind verteilt über Tausende von Kubiklichtjahren. Und doch ist der Vergleich mit der Geologie der Erde nicht weit hergeholt, denn auch in Sternentstehungsgebieten gibt es Verschleiß und Erosion, Modellierung und Landschaftsgenese. Wer den Film schneller laufen lässt und Jahrtausende in Minuten abspult, erkennt, wie dunkle Staubwolken durch ultraviolettes Licht sandgestrahlt werden; wie Materie durch energiereiche Photonen weggeschabt wird, ähnlich wie Canyons durch die Erosionskraft von Wasser entstehen; wie widerspenstigere Wolken zurückbleiben, modelliert werden zu bizarren Viadukten und Pfeilern, zu einer kosmischen Version des Monument Valley.

☆ Auf den Spitzen und Flanken dieser düsteren Stalagmiten spielt sich die Strahlungsverdampfung in kleineren Dimensionen ab und entstehen Miniaturversionen der dunklen Staubsäulen, die genauso wie ihre größeren Artgenossen durch ultraviolette Strahlung Gestalt erhalten und hierdurch ausgerichtet werden auf diesen wild strahlenden Sternhaufen. Die Grenzregion zwischen der kühlen, dunklen Molekülwolke und der heißen expandierenden Kugel ionisierender Energie wandelt sich in eine fraktale Landschaft aus flüchtigen, glühenden Gasnebeln und staubigen Verdichtungen, in denen Materie erneut zu kleinen Globulen, heißen Protosternen und jungen Sonnen zusammengepresst wird.

☆ Nicht nur hier, nicht nur in der direkten Umgebung dieses Sternhaufens erblickt ein neuer Stern das Licht der Welt, auch andernorts in der Molekülwolke, in anderen kosmischen Brutstätten – nicht nur in dieser Wolke, gleichzeitig auch in zahllosen anderen Molekülwolken, die sich in den Spiralarmen des Milchstraßensystems aufhalten. Und nicht nur im Milchstraßensystem, auch in Millionen anderen Galaxien, überall im Weltall geschieht das Wunder der Geburt, nicht nur heute, sondern schon seit Millionen von Jahren und in Zukunft auch noch viele Milliarden Jahre.

☆ Auch wenn sich die eben geborenen Protosterne noch hinter undurchdringlichen Wolken interstellarer Materie verstecken, wenn ihr Licht und ihre Wärme zuerst noch verborgen bleiben, verraten sie dennoch oft ihre Existenz durch die heftigen Berührungen mit ihrer direkten Umgebung, genauso wie ein Neugeborenes seine Existenz auch weit außerhalb des Geburtszimmers mit alles

Ein junger Protostern bläst einen Materiestrahl in den Raum, hierdurch entstehen Schockwellen im umgebenden Gas.

Wenn in einem großen Sternentstehungsgebiet auch die letzten Gasschleier verwehen, bleibt ein funkelnder Sternhaufen mit Hunderten von Sonnen zurück.

Gerade geborene Sterne heizen ihr Umfeld auf, das dadurch im Schein glühenden Wasserstoffgases rosarot leuchtet.

Der Sternenwind eines Riesensterns, von rechts kommend, verursacht eine Bugwelle um einen kleineren Stern, der selbst Materie in den Raum hineinbläst.

durchdringendem Schreien bekannt gibt. Junge Protosterne senden energiereiche Röntgenstrahlung aus – das elektromagnetische Äquivalent von schrillem Hochfrequenzwimmern – und blasen zudem Strahlen sich schnell bewegenden Gases in den Raum, wie Miniaturausgaben der energiereichen Strahlen aktiver Galaxien und Quasare. Über ihre Entstehung ist wenig bekannt, doch auch hier weisen die Strahlen in zwei entgegengesetzte Richtungen, parallel zur verlängerten Drehachse des jungen Sterns. Durch die Gas- und Staubwolken der Umgebung brechen die Gasstrahlen nach außen, wobei sie kühle Materie vor sich her treiben, bis sie nach vielen Lichtjahren abgebremst werden und fast zum Stillstand kommen. Während der Protostern selbst unsichtbar bleibt, verborgen in den dunklen Nebeln, aus denen er entstanden ist, wird er weit entfernt flankiert von zwei heißen Wolken aufgefangenen Materials, jede mit ihren eigenen Schockfronten und Bugwellen.

☆ Was für Sterne werden nun in den Molekularwolken der Galaxien geboren? Kolossale Riesensterne, Dutzende Male schwerer als die Sonne, die gewaltige Mengen energiereicher Strahlung in den Raum blasen, doch auch kleinere, kühlere Sterne, die vielleicht irgendwann einmal ihr goldgelbes Licht und ihre wärmenden Strahlen auf außerirdische Landschaften und keimende Lebensformen werfen. Weniger auffallend sind diese Zwergsterne, weniger lichtstark als die grotesken blauweißen Riesen und Superriesen, doch sie sind viel zahlreicher – die wahren Vagabunden im Milchstraßensystem.

☆ Noch zahlreicher und noch weniger ansehnlich sind die roten Zwerge. Viel kleiner als die Sonne, auch viel kühler – unauffällige Pünktchen schwachen, verschwommenen Lichts, die bei

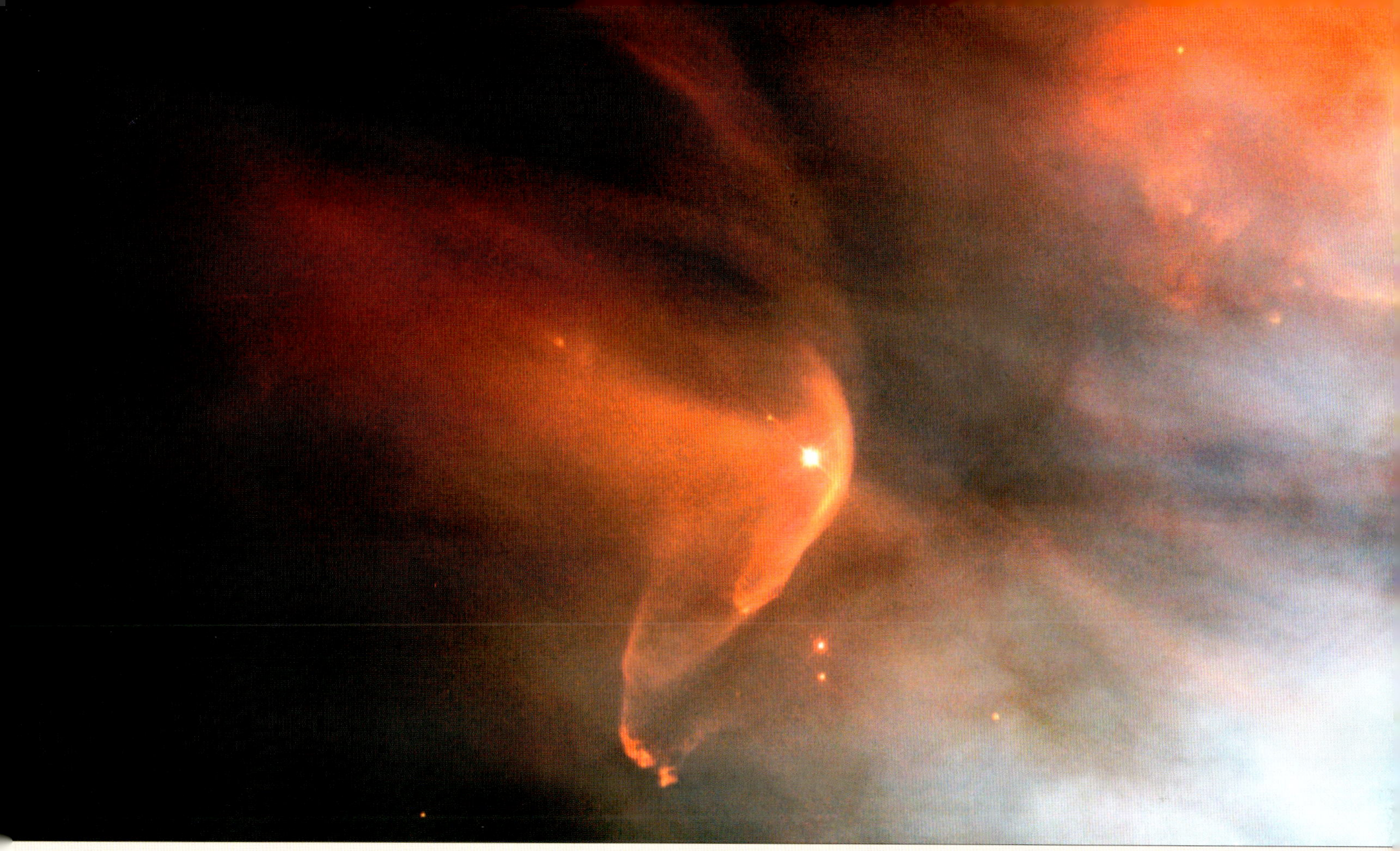

einer Entfernung von mehr als einem Lichtjahr schon nicht mehr mit bloßem Auge zu sehen sind. So niedrig sind Druck und Temperatur in den Kernen dieser stellaren Winzlinge, dass die in ihrem Zentrum vor sich gehenden Kernfusionsreaktionen nur etwas schmurgeln und brodeln und kaum Brennstoff verbrauchen, wodurch sie ihre niedrige Energieproduktion viele Milliarden Jahre durchhalten können.

☆ Schließlich gibt es noch kleine Braune Zwerge, die eher eine matte magentafarbene Glut ausstrahlen. Zehnmal kleiner in ihrem Durchmesser und 15-mal schwächer als die Sonne; warme Gaskugeln von der Größe des Planeten Jupiter, die für die Verbrennung von Wasserstoff zu wenig Masse besitzen. Missglückte Sterne sind dies – unreife Frühgeburten. Sie sind so schwer ausfindig zu machen, dass ihre wahre Zahl unbekannt ist.

☆ So produziert jede Galaxie im Laufe von Milliarden Jahren eine unermessliche Vielfalt von Sternen, die sich nicht nur in Größe, Masse, Leuchtkraft und Lebensdauer, sondern auch in ihrer Farbe unterscheiden. Eine bunte Ansammlung von Sternen bevölkert den Kosmos, eine bunte Population, in der fast jede Spektralfarbe vertreten ist. Die schwersten Sterne sind die größten und hellsten und weisen eine Oberflächentemperatur von Zehntausenden Grad auf. Sie strahlen deshalb blendendes blaues Licht aus und sind noch heller in den energiereicheren ultravioletten Wellenlängen. Etwas leichtere Sterne sind weniger heiß und lichtstark, ihr Lichtschein ist weiß. Sterne wie die Sonne mit einer Oberflächentemperatur von 6000 °C sind gelb, während die kleinsten und kühlsten Zwergsterne orange oder rot leuchten. In allen diesen Sternen, ungeachtet ihrer Herkunft oder Farbe, vollzieht sich derselbe Kernfusionsprozess, der

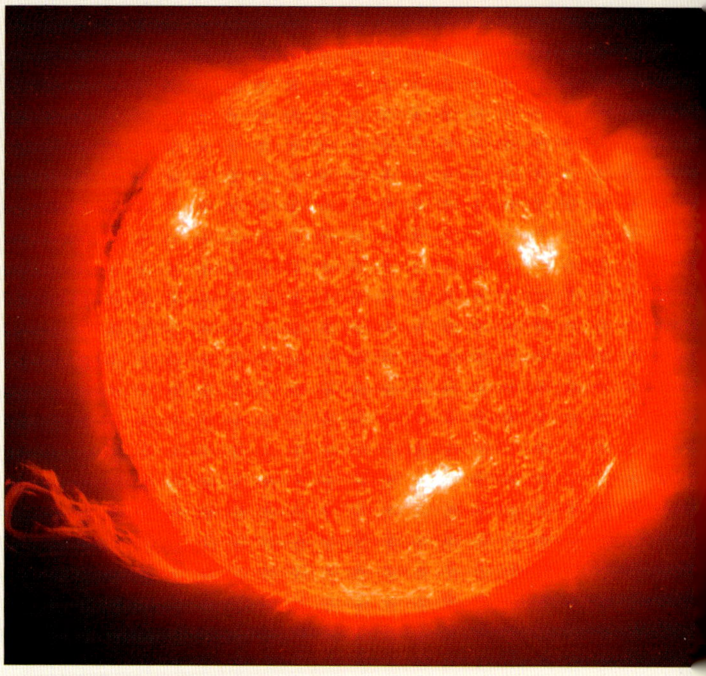

Ein neugeborener Stern ist noch in der Gaswolke eingebettet, aus der er entstanden ist (links). Unsere Sonne ist ein Stern mittleren Alters (rechts).

früher, wenige Minuten nach dem Urknall, die zarte Zusammensetzung des Weltalls bestimmte: Die leichten Kerne der Wasserstoffatome – in Wirklichkeit einzelne Protonen – schmelzen zu schwereren Heliumkernen zusammen, die aus zwei Protonen und zwei Neutronen bestehen. Auf dieser subatomaren Ebene wird die Entwicklung des Weltalls nicht mehr von Schwerkraft oder elektromagnetischer Kraft bestimmt, sondern vielmehr wird das Verhalten der Materie von der starken und schwachen Kernkraft bestimmt. Eine Machtübernahme ist übrigens nur dank der Bedingungen möglich, die zwei andere Kräfte geschaffen haben: Die Kernkräfte besitzen eine extrem geringe Reichweite und können nur wirksam werden, weil der Druck im Zentrum des Sterns ausreicht, um positiv geladene Protonen aufeinander zu pressen und sich gegen ihre wechselseitige elektromagnetische Abstoßung durchzusetzen.

☆ Die nukleare Metamorphose von Wasserstoff zu Helium – die erste Phase der Entstehung aller uns umgebenden chemischen Elemente – ging schrittweise vor sich. Zwei Protonen stoßen zusammen. Eines der beiden wird umgewandelt – unter Aussendung eines Neutrinos und eines Positrons – in ein Neutron, ein Kernteilchen ohne elektrische Ladung. Zusammen mit dem zweiten Proton bildet dieses Neutron ein stabiles Duo, zusammengehalten durch die starke Kernkraft: ein so genannter Deuteriumkern. Diese Reaktion ist merkwürdig: Im Zentrum eines Sterns wie der Sonne kann ein einzelnes Proton eine Milliarde Jahre lang allein überdauern, bevor es mit einem anderen Proton zu einem Deuteriumkern verschmilzt. Die Zahl der Protonen im Zentrum eines Sterns ist jedoch so unvorstellbar groß, dass Deuterium – schwerer Wasserstoff – in wirklich eindrucksvollen Mengen produziert wird.

☆ Ein Deuteriumkern bleibt nicht lange allein. Innerhalb einer Sekunde erhält er Besuch von einem dritten Proton. So entsteht ein Kern aus Helium-3, einer leichten Variante von Helium,

Seite 56/57: In den kosmischen Brutstätten werden dunkle Staubnester von funkelnden Sonnen erleuchtet und jagen verborgene Protosterne Schockwellen durch strahlende Gasnebel.

bestehend aus zwei Protonen und einem Neutron. Bei dieser Reaktion wird ein energiereiches Photon produziert – ein Strahlenteilchen. Dieser Kernreaktion haben wir Licht und Wärme unserer Sonne zu verdanken. Nach etwa einer Million Jahre kollidiert ein Helium-3-Kern mit einem Artgenossen – eine Reaktion, an der vier Protonen und zwei Neutronen beteiligt sind. Die zwei Neutronen und zwei der vier Protonen leben weiter als ein sehr stabiler Heliumkern. Die zwei restlichen Protonen können erneut den Kernfusionsprozess durchlaufen.

☆ Übrigens ist in den meisten Sternen noch ein anderer Reaktionszyklus aktiv, bei dem Kohlenstoff-, Sauerstoff- und Stickstoffatome eine Rolle spielen. Dieser CNO-Zyklus, der in Sternen, die schwerer sind als die Sonne selbst, vorherrscht, ist etwas komplexer, doch das Nettoergebnis ist gleich: Vier Wasserstoffkerne werden in einen Heliumkern umgewandelt. Die Fusionsreaktionen selbst mögen wohl recht seltsam sein, doch die Menge Wasserstoff, die jede Sekunde im Zentrum eines Sterns wie der Sonne zu Helium transformiert wird, ist einfach verblüffend: 570 Millionen Tonnen. Ein relativ kleiner Teil hiervon – etwas weniger als ein Prozent – wird unmittelbar in Energie umgesetzt. Sterne sind gigantische Fusionsreaktoren mit unvorstellbarer Kraft, kosmische Wasserstoffbomben, angesichts derer die Vernichtungskraft des menschlichen Waffenarsenals vollkommen verblasst.

☆ Der größte Teil aller Heliumatome im Weltall entstand in den ersten Minuten nach dem Urknall. Der Urknall allein war nicht in der Lage, die chemische Verschiedenheit zu produzieren, die zur Entstehung von Planeten und Monden, von Pflanzen und Menschen erforderlich ist.

☆ Doch heute, wo überall Sterne mit den unterschiedlichsten Massen, Größen und Helligkeiten strahlen, heute kann die chemische Evolution des Weltalls dort weitermachen, wo sie stehen geblieben war. Heute sind an Abermilliarden Orten im Milchstraßensystem – und in genauso vielen Sternen in Abermilliarden anderer Galaxien – kleine Nuklearöfen aktiv, die zwar viel weniger angeheizt werden, dafür aber Millionen oder selbst Milliarden Jahre ihre Arbeit tun.

Wir bestehen eigentlich aus Sternenstaub

☆ Die ordnende Hand der Schwerkraft, der hierarchische Prozess des gravitativen Kollaps und der Fragmentierung hat den siedenden Ozean des Urknalls zu einer ausgedehnten Leere transformiert, in der die Materie konzentriert ist in vielgestaltigen Galaxien, die wiederum unzählige Sterne hervorgebracht haben. Sie sind nicht nur eine unersetzliche Energiequelle für jede mögliche Lebensform im Universum, der Lieferant von Licht und Wärme, sondern die stetigen Fusionsreaktionen in ihrem heißen Zentrum sind zudem auch unentbehrlich für die Produktion komplexer Moleküle, aus denen all dieses Leben aufgebaut ist.

☆ Ohne die Geburt – und den Tod – von Sternen wäre die Geburt der Erde unmöglich gewesen und die Geburt des Menschen wäre für immer unterblieben. Die Entstehung von Leben kann nicht losgelöst von der Milliarden Jahre dauernden Evolution des Weltalls gesehen werden, vom Kreislauf der Materie. Die Atome in unserem Körper sind Produkte kosmischer Fusionsreaktionen. Wir bestehen eigentlich aus Sternenstaub.

5

Kreislauf

Gigantische Sternexplosionen blasen neue Elemente in den Raum. Kohlenstoff, Sauerstoff, Silber und Gold – einst im Zentrum der Sterne zusammengebraut, werden nun zurückgeführt in das sich entwickelnde Weltall.

Sieh' um dich und schaue die reiche Vielfalt der Natur. Farbe und Bewegung, tote und lebende Materie, stumme Einfachheit und grenzenlose Komplexität; eine endlose Palette von Objekten und Erscheinungen, zusammengesetzt aus nicht mehr als einer Hand voll Grundbausteinen, von den vier Naturkräften beherrscht. Vom allerersten Augenblick der Schöpfung hat das Weltall eine Entwicklung erlebt, die von einem beinahe strukturlosen Dunst identischer Teilchen bis hin zu einer wundersamen Welt der Galaxien, Protoplaneten, Sonnenblumen und Sonnetten reichte. Wasserstoff und Helium gab es von Anbeginn, doch sonst hat fast alles in unserem Blickfeld seine Existenz der Evolution des Kosmos zu verdanken.

Die Lampe, die Licht auf dieses Buch wirft, hat ein Stromkabel aus Kupfer, einen Glühdraht aus Wolfram in einem Gehäuse aus Siliziumoxid, vielleicht einen Fuß aus Kohlenstoffpolymeren oder eine Zierleiste aus Chrom – alles besteht aus Elementen, die es vor 14 Milliarden Jahren noch nicht gab. Das Eisen in unserem Blut, Kalzium in unseren Knochen, Phosphor in unserer Hirnrinde – alles Produkte der Evolution des Weltalls. Silber, Gold und Platin – kosmische Edelmetalle.

Einfach war das nicht. Der Bau neuer Elemente ist ein umständlicher Prozess, der sich nur unter extremen Bedingungen abspielen kann. Der Urknall war von zu kurzer Dauer, stattdessen musste Materie zu Haufen und Galaxien zusammengetragen werden, um Gaswolken kollabieren zu lassen und um Sterne aufzubauen, in denen Kernfusionsreaktionen ungestört Milliarden Jahre ihre Arbeit verrichten können. Nur in diesem stellaren Schmelztiegel kann die chemische Mischung zusammengebraut werden, die dem Kosmos sein nuancenreiches Aussehen verleiht.

Offen bleibt die Frage, wie der Schmelztiegel geleert wird. Mit dem stetigen, schrittweisen Aufbau schwerer Elemente im Innern eines Sterns ist noch nicht viel getan. Erst wenn diese Elemente an den Kosmos zurückgegeben werden, ausgesetzt in eine weniger extreme Umwelt, in der fragile Moleküle und komplexe Verbindungen gebildet werden können, erst dann ist der Weg geebnet für die Entstehung von Planeten und Leben. Und dazu ist es notwendig, dass Sterne sterben, dass kosmische Kernkraftwerke verdampfen und explodieren – ein Auflösungsprozess, der die seltsamsten Spuren hinterlässt.

Rote Ringe in einer Nachbargalaxie markieren die Stelle, wo 1987 ein Stern explodierte.

Der chemische Kreislauf des Kosmos ist jedoch nicht nur abhängig von Tod und Verderben, von alles vernichtenden Supernovae und zerspringenden Sternen. Auch zu Lebzeiten verlieren Sterne Materie, atmen sie Atomkerne aus und blasen einen stetigen Strom elektrisch geladener Teilchen in den Raum. Dieser Sternenwind, der überwiegend aus Elektronen und Wasserstoff-

Ein Stern wie die Sonne bläst am Ende seines Lebens eine Hülle flüchtigen Gases in den Raum.

Die starke Teilchenstrahlung eines schweren, heißen Riesensterns erzeugt Federwolken aus kosmischem Gas.

kernen besteht, enthält auch ein Quäntchen schwerer Elemente, die durch Konvektion und Turbulenz im Zentrum des Sterns aufgewirbelt werden. In den späteren Evolutionsstadien, wenn der Stern zu einem kühlen Roten Riesen angeschwollen ist, vollzieht sich nicht nur ein größerer Masseverlust, sondern nimmt auch der Kohlenstoff-, Sauerstoff- und Stickstoffgehalt in diesem kräftigen Sternenwind zu.

Woher kommt dieses spektakuläre Wachstum, diese eindrucksvolle Ausdehnung des Sterns? Was verursacht die plötzliche Veränderung in einem aufgeblähten Riesen? Wieder sind Kernreaktionen im Innern der Grund. Recht bald nach Entstehen eines Sterns, wenn die Fusion von Wasserstoff zu Helium richtig in Gang gekommen ist, werden Größe, Oberflächentemperatur und Helligkeit des Himmelskörpers vollständig bestimmt vom zerbrechlichen Gleichgewicht zwischen der Schwerkraft, die das Sternengas zu noch stärkerem Zusammenpressen drängt, und dem Gasdruck im heißen Kern, der genau diesem Prozess Einhalt gebietet. Aber sobald andere Kernreaktionen die Oberhand gewinnen, wodurch sich innerer Druck und Temperatur verändern, strebt der Stern nach einem neuen Gleichgewicht, zu dem auch ein neuer Durchmesser gehört, eine neue Helligkeit und eine neue Außentemperatur. So verrät die äußere Erscheinung eines Sterns seine innere Zusammensetzung und ist jedes plötzliche Ausdehnen oder Kontrahieren ein direktes Spiegelbild der in seinem verborgensten Innern vor sich gehenden Umwälzungen.

Diesen internen Revolutionen entrinnt kein einziger Stern. Hält die Wasserstofffusion lange genug an, bildet sich ein ständig wachsendes Heliumreservoir, und früher oder später ist dieser Heliumkern schwer genug, sich selbst zu entzünden. Während in einer dicken Zone rund um den Kern immer noch Wasserstoffverbrennung stattfindet, wird im Innern des Sterns nun auch Helium in Kohlenstoff umgesetzt. Das ergibt so viel Energie, dass der Kern in kurzer Zeit aufgeht wie ein Soufflé, wobei seine Außentemperatur sinkt, da die Temperatur aus dem Innern nun über eine viel größere Oberfläche verteilt wird. Das Ergebnis ist einRoter Riesenstern mit eindrucksvoller Energieproduktion und Leuchtkraft, jedoch mit kühler, flüchtiger Außenhülle, die von der Schwerkraft nur mühsam festgehalten wird.

Später, wenn auch Kohlenstoffatome zu noch schwereren Sauerstoffatomen verschmelzen, wiederholt sich der Vorgang und der Stern kann noch größer werden. Von der ursprünglichen und scheinbar dauerhaften Stabilität ist nur wenig geblieben: Der Stern schwillt an und schrumpft, „schwitzt“ und „bläst“, und in kurzer Zeit strömen große Mengen sich abkühlenden Gases in den Raum, wo sich schnell zarte Moleküle, kleine Kristalle, Rauch- und Rußteilchen bilden. In einem kosmischen Wimpernschlag mit einer Dauer von einigen zehntausend Jahren

leuchten diese hinausgeblasenen Nebel in den fantastischsten Farben auf, angestrahlt von dem zurückbleibenden Stern, der nun kleiner, weißer und heißer wird. Danach verwehen die Wolken für immer im dunklen Raum zwischen den Sternen, um irgendwann einmal Teil eines neuen Sterns zu werden, einer neuen Quelle von Licht und Wärme, einer neuen Phase im kosmischen Kreislauf.

Bei Sternen, die als Schwergewicht geboren wurden, verläuft der Lebenszyklus anders. Schneller – viel schneller. Durch den höheren Druck und die höhere Temperatur im Kern ist auch das Tempo der Fusionsreaktionen stark erhöht. Der Kernbrennstoff wird in rasendem Tempo hindurchgejagt, die Energieproduktion ist um viele tausend Male höher als bei einem Stern wie der Sonne, und wenn der Riesenstern nach höchstens einigen Dutzend Millionen Jahren mit der Verbrennung von Kohlenstoff beginnt, entstehen neben Sauerstoff auch schwerere Elemente wie Neon, Natrium und Magnesium. Und immer, wenn eine bestimmte Fusionsreaktion in Ermangelung von Brennstoff zum Stillstand kommt, reduziert sich der Stern weiter unter seinem eigenen Gewicht, bis die Kerntemperatur hoch genug ist, um eine Folgereaktion auszulösen, bei der noch schwerere Elemente wie Aluminium, Silizium, Phosphor und Schwefel entstehen.

So endet der Stern als kosmische Matroschka, jeder nukleare Brandherd ist von einer etwas kühleren Schicht mit einer anderen, weniger energiereichen Fusionsreaktion umgeben. Unter seinen instabilen Außenschichten, die mit hoher Geschwindigkeit ins All geblasen werden, befindet sich immer noch eine dicke Schicht, in der Wasserstoff zu Helium umgesetzt wird. Darin wiederum liegt eine Schicht, in der Heliumkerne zu Kohlenstoff zusammenschmelzen, und wieder eine Schicht, in der Kohlenstoff zu Sauerstoff verschmilzt – eine Schicht mit Sauerstoffverbrennung; eine mit Silizium, und ganz im innersten Bereich des Sterns: ein ständig wachsender Kern aus Eisenatomen, jeder mit 26 Protonen und 30 Neutronen – 56-mal so schwer wie der Kern eines Wasserstoffatoms.

Der Kosmos wird mit allen Elementen zur Bildung der Erde bereichert

Millionen Jahre hat der Stern der Schwerkraft Widerstand geleistet. Die Energieproduktion im Innern lieferte immer ausreichend Gegendruck, um ein weiteres Kollabieren des Sterns zu vermeiden. Bei jeder neuen Kernreaktion fand sich ein neues Gleichgewicht, eine neue Balance zwischen Gravitation und Kernkräften. Jeder Stern am Himmel ist Schauplatz von miteinander kämpfenden Elementarkräften – ein nuklearer Kampf auf Leben und Tod. Und wenn eine der Parteien den Kampf aufgibt, holt sich die andere automatisch den Sieg.

Die Schwerkraft nutzt ihre Chance. Was vor langer Zeit begann, mit einem Kollaps einer interstellaren Wolke aus Gas und Staub, kann endlich vollendet werden. Nicht mehr behindert von Gegenkräften aus dem heißen Kern des entstehenden Sterns, presst die Schwerkraft die Materie wiederum stärker und stärker aufeinander. Der Kern wird zusammengedrückt durch das unerträgliche Gewicht der Außenschichten des Sterns, die Hunderttausende von Kilometern dick sind. Diese Außenschichten geraten in einen schicksalhaften freien Fall, da nun der Gas- und Strahlungsdruck im Sterninnern aufgibt, wie bei einem Gleitschirm, der abstürzt, wenn die Thermik plötzlich wegfällt.

Ist die Schwerkraft wirklich Alleinherrscher? Verschwindet demnächst die gesamte Materie in einem unergründlichen Schwarzen Loch, fortgerissen aus der vertrauten Umgebung von Raum und Zeit, wie wir sie kennen? Nein, tief im Innern eines kollabierenden Riesensterns entsteht in fieberhafter Eile das Fundament für eine neue Phase des Endspiels. Auf subatomarem Niveau schließt sich die Materie zusammen, um der Schwerkraft nochmals die Stirn zu bieten. Im Bruchteil einer Sekunde kollabiert der Eisenkern des Sterns. Von 10 000 Kilometern Durchmesser schrumpft er auf 100, schließlich endend bei nur 30 Kilometern. Dreihundertmal kleiner im Durchmesser, etwa 25 Millionen Mal kleiner im Volumen.

Gegen diese Gewalt haben selbst die stabilen Eisenatome nichts aufzubieten. Sie werden auseinander geschlagen in einzelne Protonen und Neutronen, die irrsinnig schnell herumwimmeln in einem siedenden Ozean freier Elektronen. Dieser in sich eingestürzte Sternenkern ist jedoch so kompakt, dass all diese subatomaren Teilchen buchstäblich auf- und ineinander

In unmittelbarer Umgebung eines der schwersten Sterne im Milchstraßensystem werden helle Gasnebel angefacht und dunkle Staubwolken zusammengepresst.

gepresst werden. Negativ geladene Elektronen dringen in die positiv geladenen Protonen ein und verausgaben sich in einem Quantenprozess, wobei eines der up-Quarks im Proton zu einem down-Quark wird und ein Neutrino ohne Ladung entsteht. Durch diese Elektronen invasion werden die Protonen zu neuen Neutronen neutralisiert und in kurzer Frist wird aus dem kleinen Sterninnern eine steinharte Kugel übereinander gepferchter Neutronen – einige Male so schwer wie die Sonne, doch nicht größer als Frankfurt.

Die Bildung dieses Neutronenkerns – nicht in dem lahmen Tempo, das wir inzwischen vom Kosmos her kennen, sondern buchstäblich im Bruchteil einer Sekunde – rettet den Stern vor seinem endgültigen Untergang. Was noch wichtiger ist: Dank dieser Quantenreaktion kehrt sich der Kollaps des Sterns in eine Explosion um, werden schwere Atome in den interstellaren Raum geschleudert und wird der Kosmos mit allen Elementen bereichert, die notwendig sind zur Bildung von Planeten wie der Erde, von lebendigen Organismen wie du und ich.

Wer einen schweren Riesenstern an seinem Lebensende kollabieren sieht, weil im Sterninnern keine Kernreaktionen mehr stattfinden, kann sich nur schwer vorstellen, wie es der

Eine Supernova in einem fernen, staubreichen Spiralsystem verbreitet fast so viel Licht wie die Millionen Sterne, die zusammen das leuchtende Zentrum des Systems bilden.

Natur gelingt, diesen freien Fall abzubremsen und in einen gigantischen Supernova-Ausbruch umzukehren. Viele Trillionen Tonnen Sterngas stürzen mit unvorstellbarer Geschwindigkeit in die Tiefe, der Stern schrumpft zusehends und er scheint innerhalb weniger Momente von der Bühne verschwinden zu wollen. In diesem enormen Mahlstrom steigen Druck und Temperatur auf ungekannte Höhen und erneut entbrennt sofort das Feuer der kosmischen Alchemie. Nie zuvor im Leben des Sterns waren die Fusionsreaktionen so heftig, entstanden neue Elemente so schnell.

Doch das nukleare Inferno währt nur kurz und kann den Kollaps des Sterns nicht verhindern. Brennend und schreiend taumelt die glühende Materie nieder, Atome werden ebenso schnell zerstört, wie sie entstehen, und kurz scheint der Stern eine umgekehrte Miniversion des Urknalls zu sein. Doch tief im Innersten des sterbenden Riesen, wie ein nicht komprimierbarer Kern in einer zerquetschten Frucht, liegt der Neutronenkern, steif und solide wie ein 30 Kilometer großer Atomkern – ein unbezwingbares Bollwerk mit einer Dichte von 100 Millionen Tonnen je Kubikzentimeter.

Dieser eiserne Ball – die Kruste besteht tatsächlich aus komprimierten Eisenatomen – bildet den Bodensatz des Schwerkraftbrunnens, und wenn die Außenschichten des Sterns mit Geschwindigkeiten von Zehntausenden Kilometern je Sekunde sich zu Tode stürzen, entsteht eine gigantische, nach außen gerichtete Schockwelle. Getragen von unvorhersagbaren, turbu-

Supernovae verursachen Schockwellen, hier in einer Computersimulation (links), und hinterlassen einen wirbeligen Pulsar mit kreisenden Strahlenbündeln (rechts).

lenten Wirbeln und Strömungen im Sternengas und unterstützt von der Energie der Neutrinoflutwelle, die bei der Bildung des Neutronenkerns entstand, gelingt es dieser Schockwelle, dem katastrophalen Kollaps des Sterns gerade rechtzeitig Einhalt zu gebieten.

Nun ist das Chaos komplett: Während die Außenschichten des Sterns noch nach innen fallen, steigt aus der Tiefe ein Feuerball auf, der wie ein kugelförmiger Schneepflug den kollabierenden Stern anhält und umdreht und so die gnadenlose Implosion in eine unaufhaltsame Explosion umkehrt. Schwere und leichte Atomkerne, lose Protonen und Neutronen, Elektronen und Neutrinos – alle blasen sie ihren Anteil zur Kakophonie der Kernreaktionen, die erklingt aus dem umgestülpten Stern. In der kurzen Zeit, die der Todeskampf des Sterns dauert, entstehen so alle Elemente und Isotope aus dem Repertoire der Chemie, von Kobalt, Nickel, Kupfer und Zink bis hin zu Silber, Platin, Gold und Quecksilber, von stabilen Elementen wie Xenon, Caesium und Wolfram bis hin zu radioaktiven Stoffen wie Radium, Uran und Plutonium.

Zum Glühen gebracht durch den radioaktiven Zerfall dieser instabilen Isotope dehnt sich die Explosionswolke aus, und innerhalb weniger Wochen ist bis in Millionen Lichtjahren Entfernung ein „neuer Stern“ am Himmel zu sehen, heller als alle anderen in seiner direkten Umgebung. Ab und zu wird die verjagende heiße Materie etwas abgebremst durch Gasfetzen, die in einem früheren Stadium vom Stern weggeblasen worden waren, und die glühende, kugelförmige Supernova-Schale wird dann auch schon schnell zu einem unregelmäßig geform-

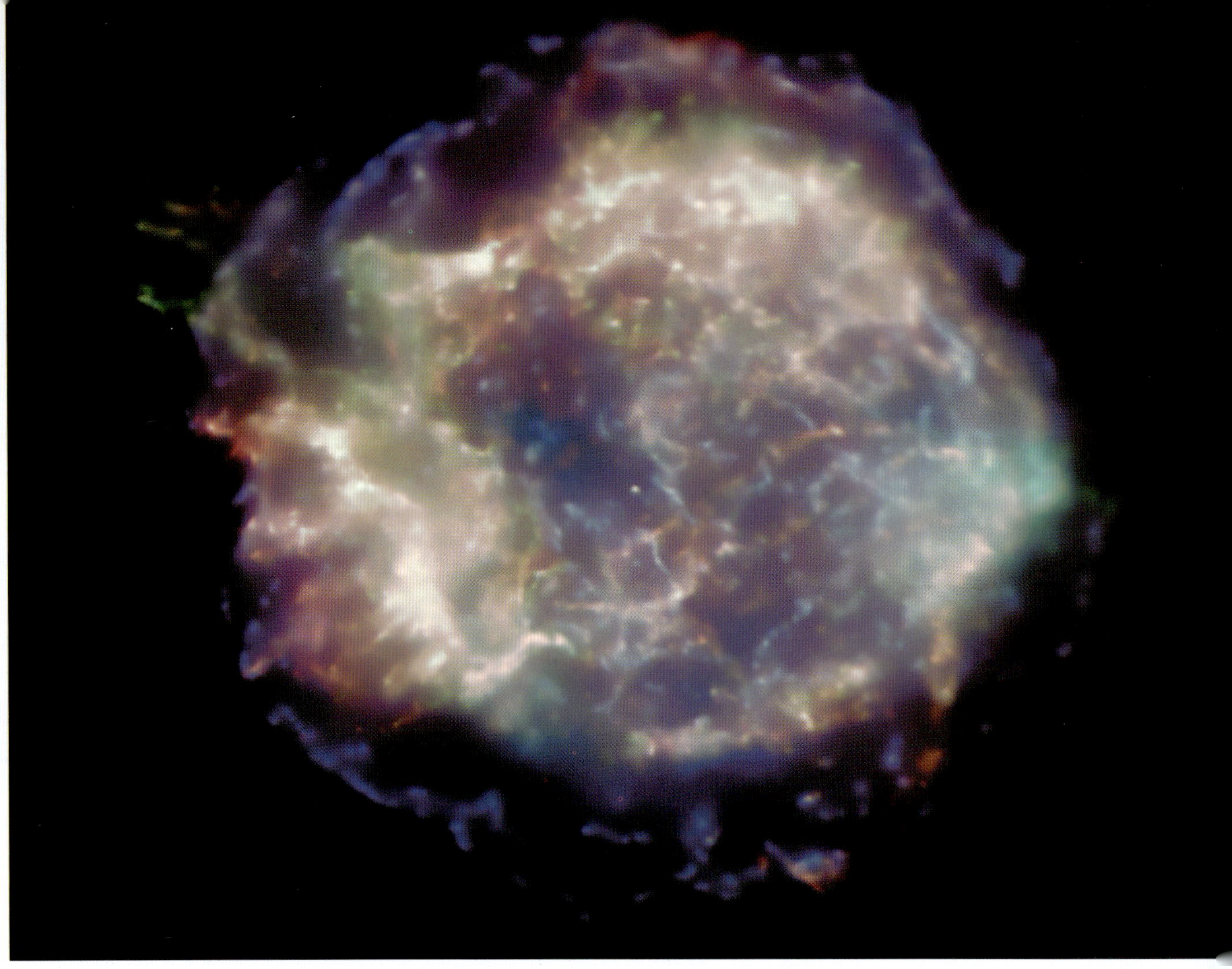

Oben: Junge Supernovareste sind so heiß, dass sie starke Röntgenstrahlung aussenden.

Rechts: Noch keine 1000 Jahre zählt dieser Supernovarest – die fortgeschleuderte Materie eines Sterns, der im Jahr 1054 vollständig zersprang.

ten Nebel, der im Laufe der Jahre, Jahrzehnte und Jahrhunderte ständig größer, flüchtiger und kühler wird. Schließlich ist die Wolke verweht und verflogen und die Asche des Sterns wird in der Nacht zerstreut – eine neue Zutat zu den kosmischen Ingredienzen, aus denen eine weitere Sternengeneration entstehen kann.

Und siehe da: Nicht der gesamte Stern ist explodiert. Der kleine kompakte Neutronenkern bleibt übrig, wie die extrem komprimierten sterblichen Überreste des einst so imposanten Riesensterns. Ein bizarrer Himmelskörper, der Dutzende oder sogar Hunderte von Malen pro Sekunde um seine eigene Achse rotiert wie ein wild gewordener Brummkreisel, dank des Gesetzes über den Erhalt des Impulsmoments – desselben Naturgesetzes, das eine Eiskunstläuferin zum schnelleren Drehen veranlasst, wenn sie mitten in der Pirouette ihre Arme an sich zieht. Durch die Kontraktion hat nicht nur die Rotationsgeschwindigkeit, sondern auch die magnetische Feldstärke stark zugenommen. Elektrisch geladene Teilchen aus der Umgebung werden zu den Magnetpolen dirigiert, wo sie mit großer Geschwindigkeit auf der Oberfläche einschlagen und heiße Flecken hervorrufen, die dann starke Bündel von Radio- und Röntgenstrahlung in den Raum schicken. Winzige Beben in der Eisenkruste des Neutronensterns verur-

sachen Störungen im Magnetfeld, was wiederum abrupte Ausbrüche von energiereichen Röntgen- und Gammastrahlen zur Folge haben kann.

★ Unzählige Neutronensterne steuern wie kosmische Zombies fast unsichtbar durch das Milchstraßensystem, oft mit hoher Geschwindigkeit, wenn die Supernova-Explosion, bei der sie entstanden, etwas asymmetrisch war, sodass eine Nettokraft in eine bestimmte Richtung übrig blieb. Manchmal sind sie allerdings doch zu sehen. Da die heißen Magnetpole normalerweise nicht mit der Rotationsachse übereinstimmen, peitschen die dort erzeugten Bündel von Radiostrahlen wie die Lichtbündel eines Leuchtturms durch das Weltall, und wer sich zufällig einem dieser Bündel in den Weg stellt, sieht den Neutronenstern viele Male in der Sekunde an- und ausgehen. Die Rotationsperiode eines solchen Pulsars ist so konstant, dass diese kosmischen Blinklichter die genauesten Uhren der Natur sind.

★ Auch wenn der Supernova-Ausbruch in einem Doppelsternsystem geschah, wird der restliche Neutronenstern im Laufe der Zeit aus großer Entfernung zu sehen sein. Wenn der Rauch der Explosion sich verzogen hat, der neblige Supernova-Rest verweht ist, bleibt zunächst ein merkwürdiges Paar zurück, das einen hektischen Schwerkraftwalzer tanzt. Doch sobald sich der

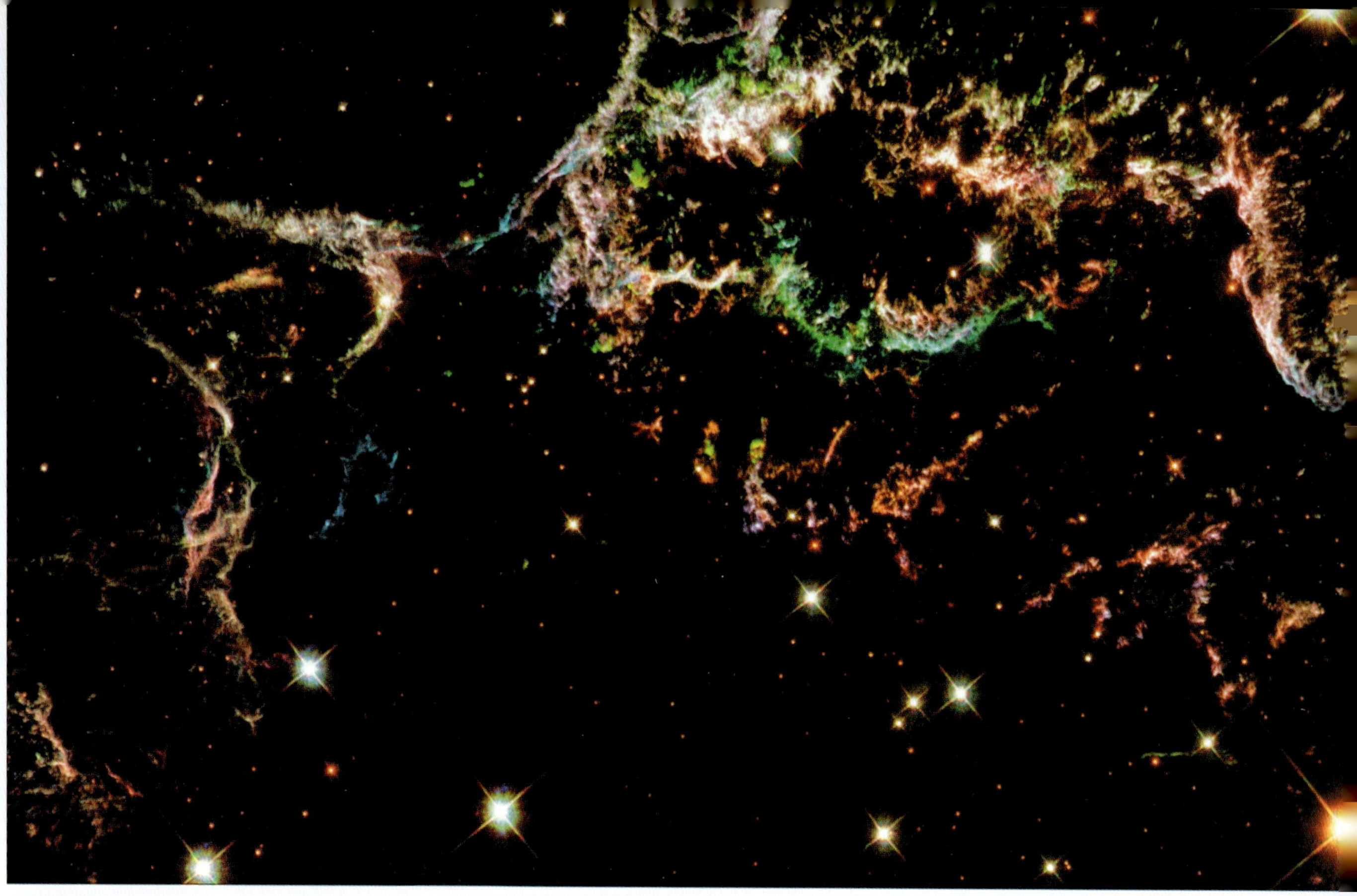

Diese erkaltenden Gasschleier sind Teil des jüngsten Supernovarestes in unserem Milchstraßensystem.

einfache Stern zu einem Roten Riesen entwickelt, werden die äußersten Gasschichten von dem starken Gravitationsfeld des kompakten Begleiters weggezogen. Das Gas türmt sich in einer schnell rotierenden Scheibe auf und bewegt sich darin spiralförmig unwiderruflich zur Oberfläche des Neutronensterns. Die Temperatur steigt, die Akkretionsscheibe und die *hot spots* auf der Oberfläche verteilen energiereiche Röntgenstrahlung. Bis in die entlegensten Winkel des Milchstraßensystems „pfeift solch ein Röntgen-Doppelstern die Nachricht seiner Existenz von den Dächern".

Strahlungsbündel, magnetische Ausbrüche, Plasmawolken, Akkretionsscheiben – die Welt der Neutronensterne und Pulsare ist eine Welt der Extreme, irrer Geschwindigkeiten und Temperaturen, knallender Explosionen und knatternder Teilchen. Keine Lebensform würde das aushalten in dieser Umgebung peitschender und zerspringender Magnetfeldlinien, alles durchdringender kosmischer Strahlung und versengender Energie. Das sind die Abfallprodukte der kosmischen Evolution; die Schlacken und Aschen der himmlischen Kernkraftwerke, die die atomaren Bausteine des Lebens entstehen ließen – pathologische Himmelskörper, ohne Nutzen, doch gleichzeitig auch die notwendigen Reste eines universellen Kreislaufs, zu dem sie selbst ebenso gehören.

Es geht noch verrückter. Ein Röntgen-Doppelstern kann nie in einer katastrophalen Explosion vollständig von der Bühne verschwinden. Ist der Tanzpartner des Neutronensterns schwer genug und erlebt er selbst auch einen Supernova-Ausbruch, bleibt ein doppelter Neutronenstern zurück – zwei umhertollende „Sternleichen", die in mörderischem Tempo umeinander

Seite 70/71: Ein Stern wie die Sonne wird niemals explodieren, sondern ständig heißes Gas in den Raum hineinblasen.

rotieren. Die dabei auftretenden Geschwindigkeiten sind so gigantisch, dass sie Störungen in der Grundstruktur der Raumzeit verursachen: Schwerkraftwellen, die mit Lichtgeschwindigkeit durch das Weltall jagen und allmählich dem System Energie entziehen. Die Folgen kann man sich denken: Immer schneller ziehen die beiden Neutronensterne ihre Bahnen, ständig dichter beieinander, bis sie endlich von den Gezeitenkräften auseinander gerissen werden und zu einem alles verschlingenden Schwarzen Loch verschmelzen – eine bodenlose Schwerkraftquelle, die sogar das Licht im Griff hat.

Und wenn der ursprüngliche Stern – der schwere Riesenstern, mit dem alles begann – genug Masse hat und schnell genug rotiert, kann das Schwarze Loch auch sofort entstehen, während der Supernova-Explosion. Dann ist selbst die kompakte Kugel verdichteter Neutronen nicht

Der Tod eines schweren Sterns ist die Hölle

stark genug, um dem immensen Druck des kollabierenden Sterns standzuhalten, dann wird die Materie noch stärker zusammengepresst, über den Punkt hinaus, an dem andere Naturkräfte noch Widerstand leisten können. Dann ist die Schwerkraft wirklich Alleinherrscher und ein Großteil des Sterns verschwindet durch die Einbahnstraße des Schwarzen Lochs für immer aus dem Blickfeld, hinter dem Horizont der Gravitation. Ein letzter Todesschrei des sterbenden Sterns hallt noch Milliarden Jahre durch den Kosmos mit einem gewaltigen Ausbruch von Gammastrahlung, der energiereichsten Strahlung der Natur, und dieser Gammablitz ist nur wenig schwächer als Millionen Galaxien.

Der Tod eines schweren Sterns ist die Hölle – ein Inferno, in dem Materie und Energie, Teilchen und Kräfte bis aufs Äußerste getestet werden und wo die Naturgesetze ihre Geltung zu verlieren scheinen. Neutronensterne, Pulsare und Schwarze Löcher sind abschreckende Zeugnisse dieses teuflischen Vorgangs, schauerliche Reste dieses makabren Todeskampfes. Doch während hier Materie auseinander gerissen wird durch zügellose Energie, Teilchen und Strahlung weggesogen werden in ein Schwarzes Loch, die Raumzeit durch die Schwerkraft verdreht und verzerrt wird, wird andernorts im Weltall, in einem ruhigen und dunklen Winkel des Milchstraßensystems, mit der Bildung eines neuen Sterns, einer neuen Sonne begonnen. Der sich ausdehnende Supernova-Rest, der expandierende Nebel, der bei derselben Explosion entsteht, die auch einen Neutronenstern oder ein Schwarzes Loch hervorbrachte, stößt leicht gegen eine flüchtige Wolke interstellarer Materie, einem kühlen Fetzen aus Gas und Staub. Träge Schockwellen verursachen lokale Verdichtungen und wenig später beginnt ein Teil der Wolke, besprüht mit den schweren Elementen, die in der Supernova entstanden sind, unter ihrem eigenen Gewicht einzubrechen, zuerst sehr langsam, dann immer schneller.

Die Geburt der Sonne nimmt ihren Anfang. Noch kurze Zeit, und hier entsteht ein neues Planetensystem. Nur wenig später ereignet sich das Wunder des Lebens.

6

Wachstum

Aus Staub und Steinchen backen kalte Planeten zusammen – Abfallprodukte der Geburt eines neuen Sterns. Gasriesen und Steinklumpen, doch auch ein blauer Punkt – die Erde.

Im Konzept des Universums spielen Planeten keine Rolle von Bedeutung. Galaxien sind eindrucksvolle Bausteine der kosmischen Architektur; Sterne sind die funkelnden Alchemisten, die dem Weltall seine chemische Vielfalt verleihen, doch Planeten sind nichts als grusige Krümel – zusammengebackener Abfall, der bei der Geburt eines Sterns übrig bleibt. Der wunderbaren Ironie der Natur ist es zu verdanken, dass die komplexesten Phänomene im Weltall – DNS-Moleküle, Mikroorganismen, Selbstbewusstsein – sich ausschließlich auf diesem unbedeutenden Klumpen Materie bilden und behaupten können: auf dem grauen Grind, der sich in den Nähten und Ritzen der kosmischen Evolution ansammelt.

✧ Nichts in der Natur ist vollkommen. Zufall und Chaos sind die Gegenspieler von Führung und Ordnung. Jede Regel hat ihre Ausnahmen und kein einziger Vorgang ist makellos. Selbst das Naturgesetz, das dieses kosmische Streben nach einem stetig zunehmenden Maß von Unordnung beschreibt – der zweite Hauptsatz der Thermodynamik –, scheint unter bestimmten Umständen außer Kraft gesetzt zu sein, wodurch aus einer amorphen Materiewolke plötzlich doch komplizierte Muster und Strukturen entstehen können. Dank dieses unvorhersehbaren, chaotischen Verhaltens der Natur ist der heutige Kosmos keine sterile Welt reiner strahlender Sterne in einem vollkommenen Vakuum, sondern auch flüchtige Schleiervorhänge aus Gas und Staub schlingern durch den Raum, Sterne werden begleitet von einem wahren Hofstaat von Planeten, Monden, Planetoiden und Kometen, und das Leben hat nun festen Boden unter den Füßen, zumindest auf einem dieser kalten Kiesel.

✧ Ein Planetensystem ist vielleicht ein unvermeidbares Abfallprodukt, das bei der Sternentstehung anfällt, unter der Voraussetzung, dass in der Wolke, aus der der Stern entsteht, genügend schwere Elemente vorhanden sind. Die Wolke kollabiert unter dem Einfluss der Schwerkraft, zunächst fast unbemerkt, doch dann ständig schneller. Dabei sind Kräfte am Werk, die verhindern, dass die gesamte Materie letztendlich im Stern verbleibt. Der Schwerkraftkollaps ist nicht perfekt, nicht 100 % symmetrisch, aus dem einfachen Grund, weil die ursprüngliche Wolke es auch nicht ist. Jedes Molekül, jedes unbedeutende Staubteilchen verfügt über eine gewisse Eigenbewegung, und diese individuellen Bewegungen heben sich gegenseitig nicht vollständig auf. Die Wolke als Ganzes besitzt eine geringe Nettodrehung – die Vektorsumme aller dieser winzigen, willkürlichen Beiträge. Und Rotation ist Asymmetrie; Rotation impliziert eine bevorzugte Richtung, eine Drehachse. Bei einer flüchtigen Wolke mit einer Größe von einigen Lichtjahren fällt das nicht weiter auf; die Wolke hat es „selbst nicht

Im Orion-Nebel wird das Entstehen von Planetensystemen durch die energiereiche Strahlung der vier hellen Sterne im Zentrum behindert.

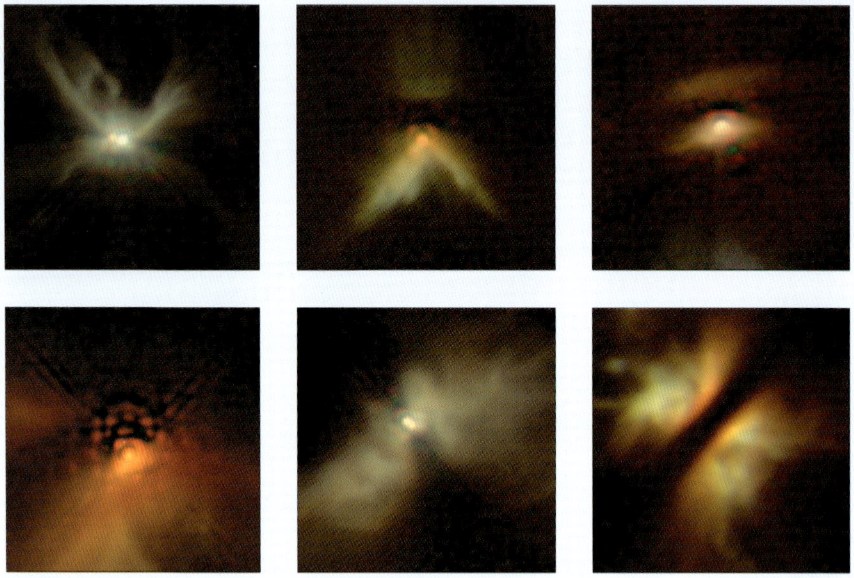

Staubige protoplanetare Scheiben um die neugeborenen Sterne sind der Geburtsort für andere Planetensysteme.

einmal begriffen". Doch je kleiner sie wird, umso schneller rotiert sie. Die gesamte Menge Drehenergie – physikalisch ausgedrückt der Drehimpuls – bleibt gleich, und eine Abnahme des Durchmessers geht unweigerlich einher mit einer Zunahme der Rotationsgeschwindigkeit. Das beeinflusst die Form der sich zusammenziehenden Wolke. Auch wenn sie anfangs vollständig kugelförmig war – was in einem unvollkommenen Weltall natürlich völlig undenkbar ist –, so wird sie infolge der erhöhten Rotation stark abgeflacht, gleich einem Teigklumpen, der vom Pizzabäcker drehend in die Höhe geworfen wird und als flacher Pfannkuchen wieder nach unten kommt.

Man betrachte die Ordnung, die ganz automatisch aus einem scheinbaren Chaos entsteht: Ob die Wolke nun turbulent ist oder statisch, bizarr geformt oder einfach nur symmetrisch, immer endet der Kollabierungsprozess mit der Geburt eines kugelförmigen Protosterns, der umgeben ist von einer schnell rotierenden, abgeplatteten Scheibe aus Gas und Staub. Und eben aus dieser protoplanetaren Scheibe entstehen innerhalb einiger Millionen Jahre Planeten.

Zumindest, wenn die Scheibe lange genug in Ruhe gelassen wird. Wenn sie nicht kurz nach ihrer Entstehung weggeblasen wird von der energiereichen ultravioletten Strahlung der Riesensterne in der Nachbarschaft. Wenn sie nicht verdampft oder verfliegt, bevor der erste Schritt zur Bildung eines Planeten gemacht ist. Denn nicht überall im Weltall haben Planeten eine Chance, nicht überall ist es ruhig genug zum schrittweisen Aufbau neuer Welten. In der direkten Umgebung junger Sternhaufen, im Scheinwerferlicht und Qualm blendender Schwergewichte ist der protoplanetaren Scheibe eines neu entstandenen Zwergsterns kein langes Leben beschieden.

Doch in den Zonen der Stille im Weltall, wo kleine isolierte Sterngruppen entstehen, weit entfernt von der Gewalt riesenhafter „kosmischer Brutapparate", bekommen die Vorläufer neuer Planetensysteme alle eine Chance. Natürlich, auch die Strahlung des Muttersterns wirkt sich erodierend auf die embryonale Scheibe aus, doch nach einem Weilchen beginnt der neue

Astronomen haben etwa 100 Exoplaneten entdeckt, oft mindestens so schwer wie Jupiter und in geringer Entfernung von ihrem Mutterstern.

Stern tatsächlich zu leuchten und darüber hinaus lässt sich eine Scheibe aus Gas und Staub weniger leicht wegblasen, wenn man selbst sich im Zentrum befindet.

✧ Weggeblasen werden vorwiegend nur die leichten Gasatome und -moleküle, größere und schwerere Teilchen lassen sich nicht so leicht aus dem Weg räumen. Im Innern der Scheibe, nahe dem Protostern, wo die Temperatur hoch ist, sind fast alle Stoffe verdampft und die Wolke besteht fast ausschließlich aus Gas. Hier überlebt nur feuerfeste Materie mit einer hohen Verdampfungstemperatur, wie beispielsweise Silikate und Metalle – Elemente und Verbindungen, die auch unter anderen Umständen in fester Form vorkommen. Diese Staubteilchen und Kristalle sind es, aus denen später die „erdartigen" Planeten entstehen – kleine Welten aus Metall und Gestein.

In den Zonen der Stille bekommen die Vorläufer neuer Planetensysteme alle eine Chance

✧ Weiter vom Stern entfernt ist die Temperatur in der protoplanetaren Scheibe niedriger. Für flüchtige Bestandteile wie Wasserstoff- und Sauerstoffgas – leichte Atome, die mühelos vom jungen Stern weggeblasen werden können – ist es hier, jenseits der „Schneegrenze", viel zu kalt. Die Atome verbinden sich zu Wassermolekülen, die dann wiederum in kleinen Eiskristallen aneinanderkleben. Für andere Verbindungen gilt dasselbe: Kohlenmonoxid, Kohlendioxid, Methan, Ammoniak – alle diese Gase besitzen ihre eigene „Schneegrenze" und jenseits dieser thermischen Demarkationslinie bilden sich enorme Mengen relativ schwerer Eiskristalle, die nicht so leicht wegzublasen sind. Hieraus entstehen später die Riesenplaneten, die sich vorwiegend aus diesen Stoffen zusammensetzen.

✧ Wenn der Stern sich noch in der Vorgeburtsphase befindet – die kollabierende Gaswolke im Zentrum wird ständig dichter und heißer, Kernfusionsreaktionen gibt es jedoch noch nicht –,

Flocken kosmischen Staubes, verdichtet aus Abfallprodukten von Sternen, enthalten das Baumaterial für Planeten wie die Erde.

vollziehen sich in der protoplanetaren Scheibe schon die ersten Ansätze zur Bildung von Planeten. Dies dauert nach menschlichen Maßstäben eine Ewigkeit, doch kosmisch gesehen ist dies eigentlich rasend schnell erledigt: Innerhalb weniger Millionen Jahre verkleben die diffusen Wolken aus Gasen, Staubteilchen und Eiskristallen zu großen Himmelskörpern und die Grundlage zur Bildung eines vollwertigen Planetensystems ist geschaffen.

✧ Zunächst werden durch die geringen molekularen und elektrostatischen Kräfte die mikroskopisch kleinen Staubteilchen zu flauschigen, porösen Teilchen zusammengefügt, aus denen dann wiederum Grus und Kiesel entstehen. In den Außenbereichen der Wolke erfahren nicht nur die relativ schweren Staubteilchen, sondern auch die zahllosen Eiskristalle, die meist aus viel leichteren Elementen bestehen, diese Transformation. Und diese millimeter- und zentimetergroßen Bröckchen, Steinchen und Schneeflocken finden ihre eigene Bahn um den entstehenden Stern, wobei jeder einzelne die Gesetze der Schwerkraft befolgt. Doch hierbei drängeln und scheuern sie ständig aneinander entlang und verbinden sich zu immer größeren Strukturen, wobei im Laufe der Zeit nicht nur molekulare Kräfte, sondern auch sehr geringe Schwerkraftmomente wirksam werden.

✧ Sobald die Materieklümpchen so groß geworden sind, dass die Schwerkraft ins Spiel kommt, beschleunigt sich der Zusammenballungsprozess in der Scheibe wie in einer Stromschnelle. Anders als bei molekularen Bindungskräften, die ihre Arbeit nur aufnehmen können, wenn zwei Teilchen sich zufällig sehr nahe gekommen sind, wirkt die Schwerkraft auch aus der Entfernung. Langsam entstehen Verdichtungen in der Scheibe, Schwärme von Steinen und Eisklumpen werden irgendwann aufeinander gepackt zu größeren Objekten, mit Ausdehnungen von 1 m, 10 m oder 100 m. Kein Weg führt mehr zurück: Hier befindet sich ein Planetensystem in der Entstehung.

✧ Diese Trillionen kleiner Brocken, die nun als ebenso viele Miniplaneten um den entstehenden Stern kreisen – zu groß, um noch als Eisbrocken oder Steinklumpen zu

Die Sonne ist aus einer sich kontrahierenden Gas- und Staubwolke entstanden.
In den rotierenden Außenbereichen verdichtete sich das Material zu Planeten.

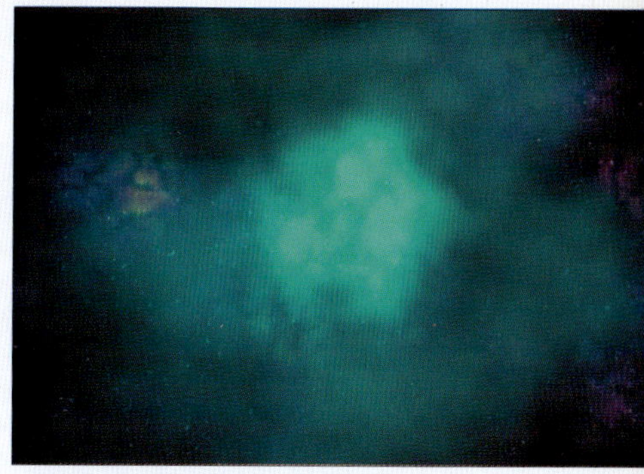

gelten, doch lange noch nicht ausgewachsen – werden Planetesimale genannt. Ihre Größe variiert zwischen einigen hundert Metern bis zu einigen Dutzend Kilometern und sie sind das Baumaterial für neue Planeten.

✧ Planetesimale sind auf der Scheibe nicht überall gleich verteilt, sie haben auch nicht überall dieselbe Zusammensetzung. In den warmen Innenbereichen der Scheibe, wo alle leichten Gase schon im Frühstadium weggeblasen wurden, entstehen „schwere" Planetesimale aus Gestein und Metallen. Ihre Anzahl ist verhältnismäßig gering; letztendlich enthielt die Urwolke, aus der der Stern entstand, nur eine relativ geringe Menge schwerer Elemente. In den kühleren Außenbereichen, jenseits der „Schneegrenze", bilden sich die „leichten" Planetesimale, die überwiegend aus Eis bestehen. Davon gibt es sehr viel mehr, denn der größte Teil der protoplanetaren Scheibe liegt ja nun einmal außerhalb der Schneegrenze und die leichten Elemente wurden hier auch nicht weggeblasen, sondern sind kondensiert zu Eiskristallen.

✧ Der Unterschied in Anzahl und Zusammensetzung der Planetesimale ist allein bestimmend für den Aufbau des entsprechenden Pla-

Was groß ist, wird wachsen. Was klein ist, vergeht

netensystems. In der Nähe des Sterns bilden sich Planeten, die vornehmlich aus Gestein und Metallen bestehen – die so genannten „erdähnlichen" Planeten. Sie sind klein, aus dem einfachen Grund, weil nicht so viele felsartige Planetesimale vorhanden waren. In den Außenbereichen der Scheibe entstehen die Riesenplaneten, die sich überwiegend aus leichten Elementen zusammensetzen. Diese Gasriesen sind sehr viel größer, weil die Zahl der vereisten Planetesimale nun einmal viel größer war.

✧ Inzwischen schreitet der Akkretionsprozess fort und nimmt an Heftigkeit zu. Kleine Teilchen verkleben nicht mehr behutsam, Kiesel und Schneebälle ballen sich nicht mehr langsam zusammen. Hier knallen zwei Planetesimale aufeinander und werden jeweils durch die Energie des Aufpralls pulverisiert; dort streifen sie einander, werden abgebremst, erhitzt und verformt und verschmelzen zu einem noch größeren Himmelskörper mit einem noch stärkeren Schwerkraftfeld. Fortwährend zerschellen kleine Brocken auf der Oberfläche eines so großen Objekts und ab und zu erfolgt ein schwerer Einschlag eines vollwertigen Planetesimals. Aus dem Planetensystem in der Entstehung, einst ein sich zusammenballendes Gemisch aus Gas und Staub, wird allmählich ein hitziges Schlachtfeld kosmischer Einschläge. Die allseits gegenwärtige Schwerkraft verursacht die ultimative Zweiteilung der Population: Was groß ist, wird wachsen; was klein ist, vergeht.

✧ In den Innenbereichen des Sonnensystems kursieren im Laufe der Zeit Dutzende heißer Protoplaneten mit Ausmaßen von Tausenden Kilometern – gewichtig geworden durch die Gefräßigkeit der Schwerkraft und aufgeheizt durch die Energie Millionen großer und kleiner Einschläge. Träge glucksende Magmaballen und geschmolzene Metalle sind es, umschlossen von einer dünnen, erstarrten Gesteinsschicht, die fortwährend aufgebrochen wird durch das unablässige Bombardement der restlichen Planetesimale.

✧ Im spektakulären Finale des Akkretionsprozesses prallen auch diese Protoplaneten aufeinander. Chaos und Zufall bestimmen, wie viele erdähnliche Planeten letztendlich noch bleiben, wie groß sie sind und in welchen Bahnen sie um den Mutterstern ziehen, in sicherem Abstand voneinander und nicht mehr bedroht von gespenstischen Projektilen. Mit abebbenden Reaktionen angesichts der schwindenden Gewalt des Urbombardements kommen sie endlich zur Ruhe, kühlt ihr Metallkern sich ab und beginnt ihr Mantel zu erstarren. Irgendwann einmal wird auf diesem Planeten vielleicht Wasser strömen, eine Bergkette sich erheben, eine Zelle sich teilen – kleine Wunder in einer kühlen Welt, vor sich hin dösend im warmen Licht eines jungen Sterns.

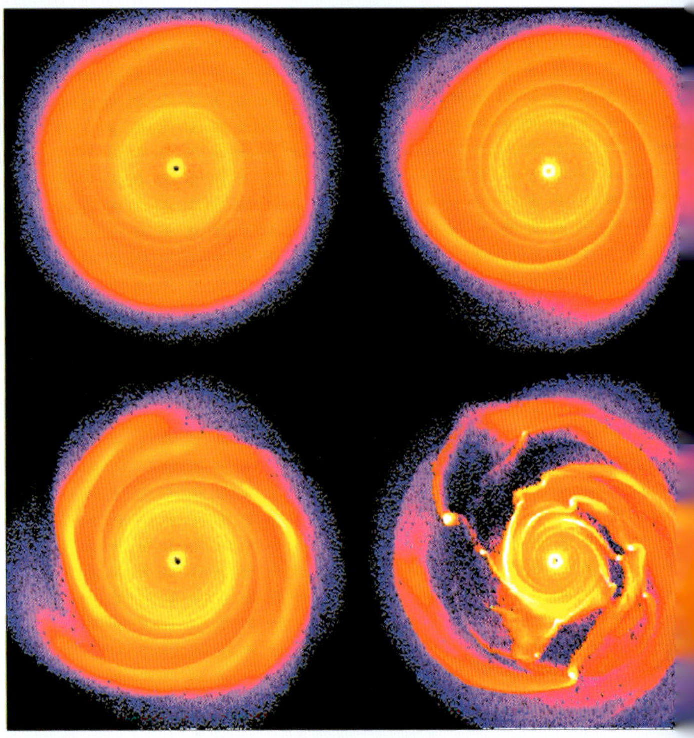

✧ Gleichzeitig vollzieht sich in den Außenbereichen des Planetensystems in Entstehung ein ähnlicher Schöpfungsvorgang. Eisige Planetesimale streifen einander, zerspringen und fügen sich wieder zusammen; schwere Objekte reinigen ihre Umgebung wie Schwerkraftstaubsauger; kleine primitive Himmelskörper verschmelzen durch die Energie des Zusammenpralls unzähliger Projektile. Die vielen warmen Protoplaneten, die hier entstehen, besitzen vielleicht einen kleinen Kern aus Metall und Gestein, einen viele hundert Kilometer dicken Mantel aus Wasser und eine brüchige Kruste aus Eis. Auch hier entstehen immer größere Himmelskörper, die mit ihrer gewaltigen Schwerkraft auch das Gas an sich binden, das aus der protoplanetaren Scheibe noch nicht fort geblasen wurde: Gigantische Gaskugeln mit einem relativ kleinen Kern aus schwereren Elementen; erkaltende Gasriesen mit Winden und Wirbeln in den Außenschichten und einem Zentrum mit so hohem Druck, dass Wasserstoffgas zusammengepresst wird zu einer Flüssigkeit, die in großer Tiefe sogar die Eigenschaften eines Metalls aufweist.

✧ Andernorts im Weltall, wo Protosterne von einer viel schwereren Gas- und Staubscheibe umgeben sind, bilden Riesenplaneten sich schneller, nicht durch schrittweise Akkretion von Eiskristallen, Schneebällen und Planetesimalen, sondern wie ein wild gewordener Gravitationskollaps einer zufälligen Verdichtung in der protoplanetaren Scheibe, die anschließend Gas, Staub, Grus, Eis und größere Objekte einsaugt. Eine andere Entstehungsgeschichte, doch dasselbe Endergebnis: Ungeachtet der Eigenschaften der protoplanetaren Scheibe bilden sich in den Außenbereichen der abgeflachten, umherwirbelnden Wolke eine Hand voll Riesenplaneten – gigantische Welten aus Gas und Flüssigkeit, die wenig gemein zu haben scheinen mit den kleinen erdähnlichen Planeten aus Stein und Eisen, die in größerer Nähe zum Stern entstehen.

✧ Doch nichts in der Natur ist vollkommen, auch der Akkretionsvorgang in einer protoplanetaren Scheibe nicht. Viele Protoplaneten entschlüpfen dem Tanz, schaffen es, den Kollisionen

Oben: In der Jugend des Sonnensystems werden kleine Planetesimale von der Schwerkraft erwachsener Planeten angezogen.

Links: Computersimulationen zeigen, dass Riesenplaneten schnell bei der Fragmentierung einer rotierenden protoplanetaren Scheibe entstehen können.

zu entwischen und dem Schwerkraftsog der Planeten in der Entstehung zu entkommen: felsartige Planetoiden im Innern des Systems; eisige Kometen in den Außenbereichen, zahllose kleine Brocken und Fragmente mit höchstens einigen Dutzend Metern im Durchmesser, doch auch große Objekte in Größen von einigen Hundert Kilometern. Während die Planeten größer und schwerer werden und langsam ihre endgültige Gestalt annehmen, schwärmen überall die Reste dieses Wachstumsprozesses umher.

✧ Kosmisches Strandgut wird hin und her geworfen von den Wellen der Schwerkraft: im Einflussbereich des Muttersterns, doch auch den Schwerkraftlaunen der neugeborenen Planeten ausgeliefert. Einige

Vielfalt im Sonnensystem: Jupiter (links) besteht hauptsächlich aus Gas, Quaoar (Mitte) aus Eis und der Mond (rechts) aus Gestein.

Planetoiden – die felsigen Planetesimale aus dem Innern des Systems – bevölkern eine stabile Zone, wo sie als Miniplaneten ihre ordentlichen Bahnen beschreiben – ein Trümmergürtel, der nur manchmal erschüttert wird von einer neuen Kollision, die noch mehr kleine Brocken und kosmischen Staub aufwirbelt. Andere bewegen sich auf lang gezogenen schrägen Bahnen und laufen ständig Gefahr, mit einem Planeten zu kollidieren.

✧ Kometen – die eisigen Planetesimale weiter entfernt vom Stern – werden durch die Schwerkraftstörungen der Riesenplaneten in alle Richtungen geschleudert, teils nach innen, wo sie mit einem Planeten zusammenstoßen oder für immer im Inferno des Sterns verschwinden, und teils nach außen, um schließlich in einer ausgedehnten Wolke hart gefrorener Eisklumpen auf der kalten, dunklen Peripherie des Planetensystems zu landen.

✧ Nicht nur kleine Planetoiden und Kometen werden durch die Schwerkraft der Riesenplaneten wie Stahlkugeln in einem Flipperautomaten weggeschossen; auch erdähnliche Planeten im Innern des Systems sind ihres Lebens nicht sicher. Die Herrschaft der Schwerkraft ist unberechenbar und erbarmungslos. Ein Riesenplanet kann unter dem Einfluss seiner Nachbarn oder der Reste der Gaswolke, aus der er entstanden ist, sich langsam nach innen schrauben, und diese Migration bringt Chaos in die ursprüngliche Ordnung. So kann eine schöne symmetrische protoplanetare Scheibe schließlich ein bizarres Planetensystem hervorbringen: mit Gasriesen in nächster Nähe zum Mutterstern oder auf extrem lang gezogenen Bahnen. In solch einem

verrückten System können kleinere erdähnliche Planeten sich keineswegs behaupten. Lange bevor das Versprechen des Lebens eingelöst wird, stirbt der Planet einen vorzeitigen Tod.

✧ Chaos, Zufall und Unvollkommenheit – das sind die Zutaten, aus denen Planetensysteme entstehen. Jeder Stern hat zahlreiche identische Zwillingsgeschwister, auch schon im Milchstraßensystem: Sterne mit derselben Masse, derselben Leuchtkraft, derselben Zusammensetzung. Protoplanetare Scheiben beweisen schon eine größere Vielfalt, doch Planetensysteme übertreffen alles. Wie sehr sich ihr Anfangszustand auch ähneln mag, ihre Entstehungsgeschichte ist abhängig von so vielen zufälligen Faktoren, dass das Ergebnis immer einzigartig und unkalkulierbar ist. Wie viele Planeten entstehen, mit welcher Masse und Größe, auf welchen Bahnen sie um den Mutterstern kreisen, ob es Migration gibt oder nicht – die Zahl der Möglichkeiten und Kombinationen ist endlos und keine zwei Planetensysteme im Weltall sind gleich.

✧ In dieser ansehnlichen Vielfalt von Planetensystemen – entstanden aus den Abfallprodukten früherer Sterngenerationen – können irgendwann, wenn die Vorbedingungen günstig und alle Umstände der Evolution wohl gesonnen sind, einzellige Organismen entstehen, kann die biologische Komplexität zunehmen und Leben erwachen. Zusammengebackener Abfall, zusammengefügter Staub, kalte Asche und Schlacken von der Geburt eines Sterns – hier spielt sich bald einmal das Wunder des Lebens, von Selbstbewusstsein und Intelligenz ab. Zumindest, wenn sich die Chance bietet. Denn der Natur ist es gleich; der Kosmos hat keine Vorlieben. Die

Evolution des Weltalls hat zwar die Bausteine geliefert, doch wo bleibt ein Architekt mit einem Bauplan? Das Gebäude entsteht von selbst oder es entsteht überhaupt nicht. Immer wieder überraschend, immer wieder anders. Chaos, Zufall und Unvollkommenheit.

✧ Neun Milliarden Jahre ist der Kosmos inzwischen alt. Er hat sich ausgedehnt und abgekühlt, sich entwickelt aus einem heißen, dichten Brei aus Strahlung und Teilchen zu einem frostigen und dunklen Vakuum, voller Schleier aus mysteriöser dunkler Materie, die wie in einem dreidimensionalen Spinnennetz gespannt sind. Atome haben sich zu unzähligen Galaxien zusammengetan, die nun wie kleine Inseln flackernden Sternenlichts in diesem schwarzen Ozean umhertreiben. Am Rande eines dieser kosmischen Archipele rotiert unser Milchstraßensystem – eine gigantische flache Scheibe mit Milliarden Sternen und Tausenden Sternhaufen, Gasnebeln und Molekülwolken. Im Zentrum der Scheibe, aus dem die prachtvollen Spiralarme zu entspringen scheinen, ist das System dichter, stehen die Sterne näher beieinander und kreisen sie schneller, in Trab gehalten von der Schwerkraft eines gigantischen Schwarzen Lochs, das sich im Innern des Systems versteckt.

✧ In etwa 30 000 Lichtjahren Entfernung von diesem Kern, in den ruhigen Außenbezirken des Milchstraßensystems, vollkommen unbemerkt zwischen den vielen Sternen im direkten Umkreis, wurde durch eine zufällige Verdichtung in einer kleinen Gas- und Staubwolke die Sonne geboren. Die protoplanetare Scheibe wurde zusammengebacken, kondensiert und sauber geblasen; das Nuklearfeuer im Zentrum der jungen Sonne ist entflammt; nun harrt alles der Dinge, die da kommen.

✧ In Billionen Kilometern Entfernung wird dieser Nadelstich aus Licht begleitet von einer flüchtigen Wolke aus kalten Kometenköpfen, die fast bis zum nächsten Stern reicht. Eisplanetesimale, die sich aus der protoplanetaren Scheibe nach außen bewegt haben durch die Schwerkraft der eben geborenen Riesenplaneten. In trägen, lahmen Schleifen irren sie

Der eindrucksvolle Schweif eines Kometen (oben) besteht aus Gas- und Staubteilchen, die sich von dem kleinen, eisigen Kometenkern gelöst haben (unten).

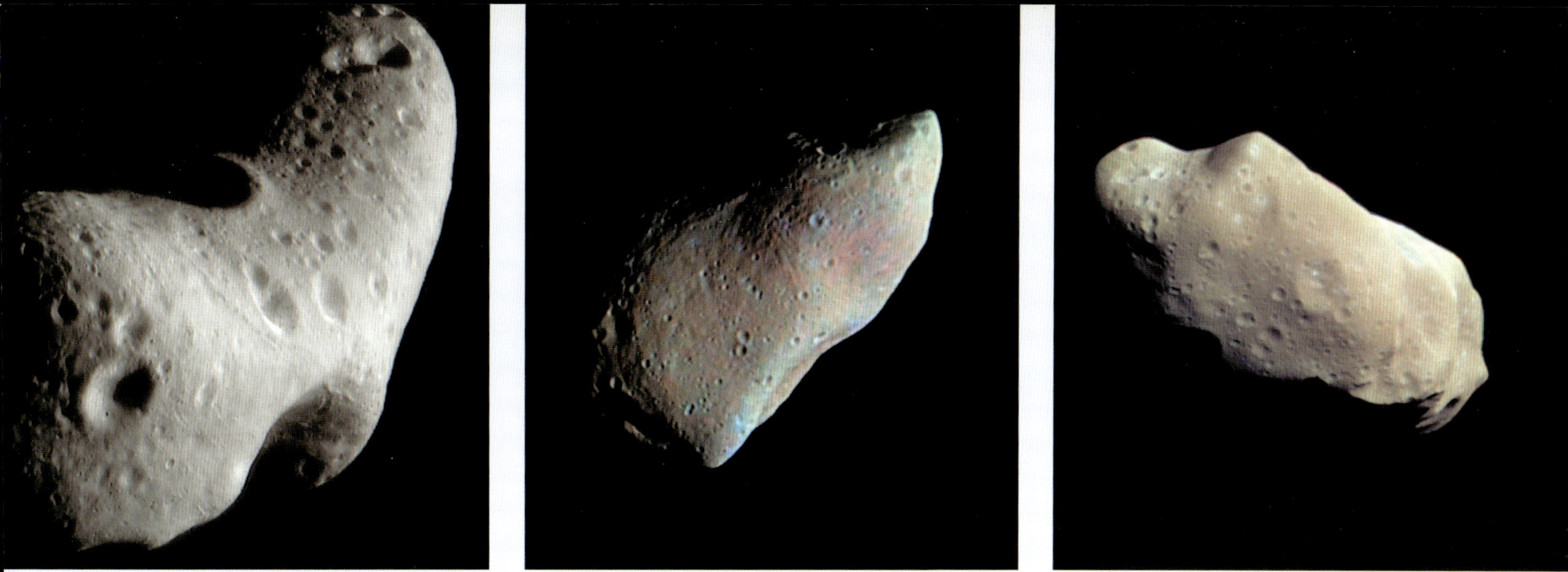

Grobe Steinklumpen – Planetoiden – sind Trümmerreste aus der Anfangsphase des Sonnensystems.

unsichtbar um die Sonne; nur manchmal fällt einer nach „unten“, um im Innern des Sonnensystems seine Aufwartung als spektakulärer Schweifstern zu machen.

✧ In größerer Nähe zur Sonne gibt es einen weiteren Kometengürtel: kleine und große Eisklumpen, die in den Außenbereichen der protoplanetaren Scheibe entstanden sind und nie die Gelegenheit hatten, sich weiter zu einem neuen Planeten zu vereinen. Und weiter im Innern: vier Riesenplaneten, jeder mit einem beeindruckenden System aus Monden und Ringen, mit Wolken und Wirbeln in der Atmosphäre und kleinen, harten Kernen aus Gestein und Metall im Zentrum.

✧ Das Innere dieser vier Riesenplaneten – die genau außerhalb der Schneegrenze des Sonnensystems entstanden sind – ist so groß und so schwer, dass die felsigen Planetesimale in etwas geringerer Entfernung von der Sonne sich wegen der Schwerkraftstörungen in diesem Giganten

Schau mal, das ist der größte: der dritte Stein von der Sonne

nie zu einem größeren Himmelskörper zusammenschließen konnten. Dies ist der Planetoidengürtel – ein Band aus Trümmern, entstanden bei der Bildung des Sonnensystems und regelmäßig aufgefüllt durch die Schwerkraft Jupiters.

✧ Wer genau hinschaut, erkennt innerhalb des Planetoidengürtels noch vier Kieselsteine, die sich um diese Sonne bewegen.

✧ Vier kleine kalte Planeten, die ins Nichts fallen angesichts der kraftvoll strahlenden Sonne und der milde glühenden Gasriesen. Erstarrte Magmaklumpen mit einem Kern aus Nickel und Eisen, einer brüchigen Kruste aus Gestein und einer Hülle aus giftigen Gasen. Schau mal, das ist der Größte: der dritte Stein von der Sonne.

Willkommen auf der Erde.

7

Modellierung

Kollisionen, Einschläge, Vulkanausbrüche – auch im Sonnensystem bleibt nichts, wie es war. Wo Venus und Mars aus der Rolle fallen, entwickelt sich die Erde zu einer warmen, fruchtbaren Wasserwelt.

Wir führen es uns nicht immer vor Augen, doch die Erde ist nichts ohne den Kosmos. Der Boden unter unseren Füßen, die Luft, die wir atmen, das Wasser, das wir trinken – alles sind Produkte der kosmischen Evolution, die eine Milliarde Jahre dauerte. Ohne diese himmlische Vorgeschichte gäbe es kein Milchstraßensystem, keine Sonne, kein Planetensystem, keine Erde. Die Erde ist eins mit dem Weltall.

Die Existenz unseres Heimatplaneten kann auch nicht losgelöst von der der übrigen Planeten im Sonnensystem gesehen werden. Die Erde existiert nicht aus sich selbst und wäre niemals entstanden ohne die gleichzeitige Geburt anderer Planeten wie Mars, Saturn und Pluto. Ebenso wie das Milchstraßensystem einer der zahllosen Bausteine des Kosmos ist und wie die Sonne ein unbedeutender Teil eines galaktischen Ökosystems ist, so ist die Erde unabdingbarer Teil eines größeren Ganzen. Gerade durch die Betrachtung dieses größeren Ganzen, indem wir die ausgesprochene Vielfalt der Planeten in Augenschein nehmen, erhalten wir ein Bild von der Evolution des Sonnensystems.

Denn das Sonnensystem befindet sich in ständiger Bewegung, in Veränderung. Die Himmelskörper erfahren nach und nach kleine oder große Veränderungen ihrer Gestalt. Dort wird ein Mond zertrümmert, hier spielt das Klima verrückt, andernorts speien Vulkane Asche und Schwefel. Selbst die augenscheinlich so tadellosen Umlaufbahnen der Planeten liegen nicht unverrückbar für die Ewigkeit fest. Niemand kann genau voraussagen, wo Jupiter oder die Erde sich in 100 Millionen Jahren befinden werden.

Eine Ausnahme müssen wir vielleicht machen für die Trillionen eisiger Himmelskörper in der Oortschen Wolke – einem ausgedehnten Halo kleiner Kometenköpfe, den Resten der Entstehung des Sonnensystems. In der kalten Tiefe des Weltalls sind die Eiskristalle inert – und chemische Reaktionen treten kaum auf. Von Kollisionen oder Widerstand durch kosmische Einschläge ist nicht die Rede, dazu sind die Kometen in der Wolke viel zu weit voneinander entfernt. Und in einem Himmelskörper mit Ausmaßen von nur wenigen Kilometern erhalten auch geologische Prozesse keine Chance. Die Kometen der Oortschen Wolke sind eingefrorene fossile Überreste aus der Frühgeschichte des Planetensystems.

Ein kleiner Saturnmond wurde zertrümmert und pulverisiert zu einem flachen Ring, der den Planeten umgibt.

Das gilt in geringerem Maße auch für größere Objekte, die sich näher zur Sonne befinden, im Kuipergürtel – dem diffusen Band von Eiszwergen oder Superkometen, das von der Bahn des Neptun bis zu etwa acht Milliarden Kilometer Entfernung von der Sonne reicht. Trotz ihrer eisigen Zusammensetzung reflektieren sie nicht mehr als höchstens fünf oder 15 % des sicht-

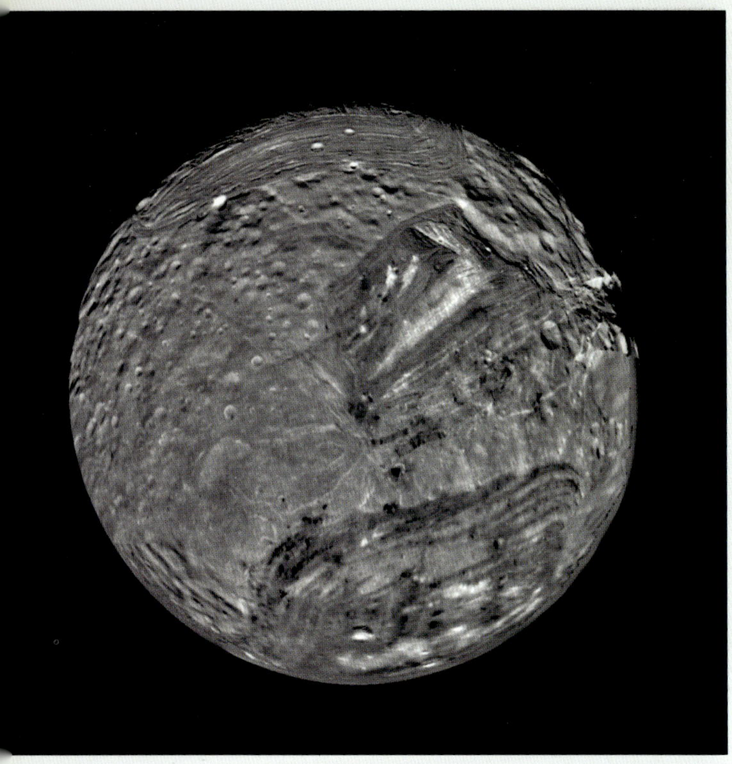

Miranda (oben) trägt Spuren katastrophaler Ereignisse. Auch der Ring von Saturn (unten) geht wahrscheinlich auf einen kosmischen Zusammenprall zurück.

baren Sonnenlichts, als wäre ihre Oberfläche verhüllt von dunklen, kohlenstoffhaltigen Verbindungen. Zufällige Treffen, unangekündigte Begegnungen haben hier viele Doppelobjekte entstehen lassen: zwei Eiszwerge, die sich in einem trägen Schwerkrafttanz umeinander im Walzer drehen und gemeinsam in einer weiten Umlaufbahn um die entfernte Sonne ziehen.

✪ Das größte bekannte dieser tiefgefrorenen Doppelobjekte ist das Duo Pluto und Charon, durchschnittlich etwa sechs Milliarden Kilometer entfernt von der Sonne. Im Vergleich zu anderen Eiszwergen ist Pluto so groß und so schwer, dass er eine flüchtige Atmosphäre festhalten kann, wenn seine Ellipsenbahn ihn einmal in 248 Jahren etwas näher an die Sonne heranträgt und das Oberflächeneis teilweise sublimiert. Doch ebenso wenig wie die unzähligen anderen Eiszwerge im Kuipergürtel, von denen manche gewiss größer als Pluto sind, kann diese dunkle kalte Welt am Rand des Sonnensystems zu Recht auch als Planet gelten. Pluto ist nicht der Liliputaner im Planetensystem, sondern der Riese unter den Eiszwergen.

✪ Uranus und Neptun – verstummte, kalte Gasriesen mit einem Kern aus Gestein, einem Mantel aus Methan und einer auffallenden Schar von Satelliten – sind die beiden äußersten echten Planeten des Sonnensystems. Sie sind ungefähr fünfmal so groß wie die Erde in ihrem Durchmesser, doch nicht zu vergleichen mit ihr in Bezug auf Zusammensetzung, Temperatur und Erscheinungsform. Wirbelwinde und weiße Wolkentupfer wehen durch die tiefblaue Atmosphäre von Neptun; Dunstschichten und kleine Störungen verbergen sich in der meergrünen Atmosphäre des Uranus.

✪ Beide Planeten umgibt eine Sphäre der Ruhe und Stille, doch zeigen sie gleichzeitig auch die Narben einer bewegten Vergangenheit. Neptun hat einen eisigen Mond mit Stickstoff sprühenden Geysiren, der in entgegengesetzter Richtung um den Planeten kreist. Uranus scheint umgefallen zu sein, denn seine Drehachse liegt horizontal, was verrückte Jahreszeiten zur Folge hat. Dies sind zufällige Ergebnisse eines planlosen Prozesses kosmischer Kollisionen in der frühen Jugend des Sonnensystems.

✪ Und noch mehr Spuren von Gewalt finden sich: Einer der Monde von Uranus, Miranda, sieht aus wie ein schlecht passendes dreidimensionales Puzzlespiel. Alte, abgeschliffene Ebenen mit stark erodierten Einschlagkratern wechseln abrupt mit jungem, chaotischem Gelände voller Bruch-

In der aufreibenden Jugend des Sonnensystems erlebten Erde und Mond ein Bombardement kosmischer Projektile.

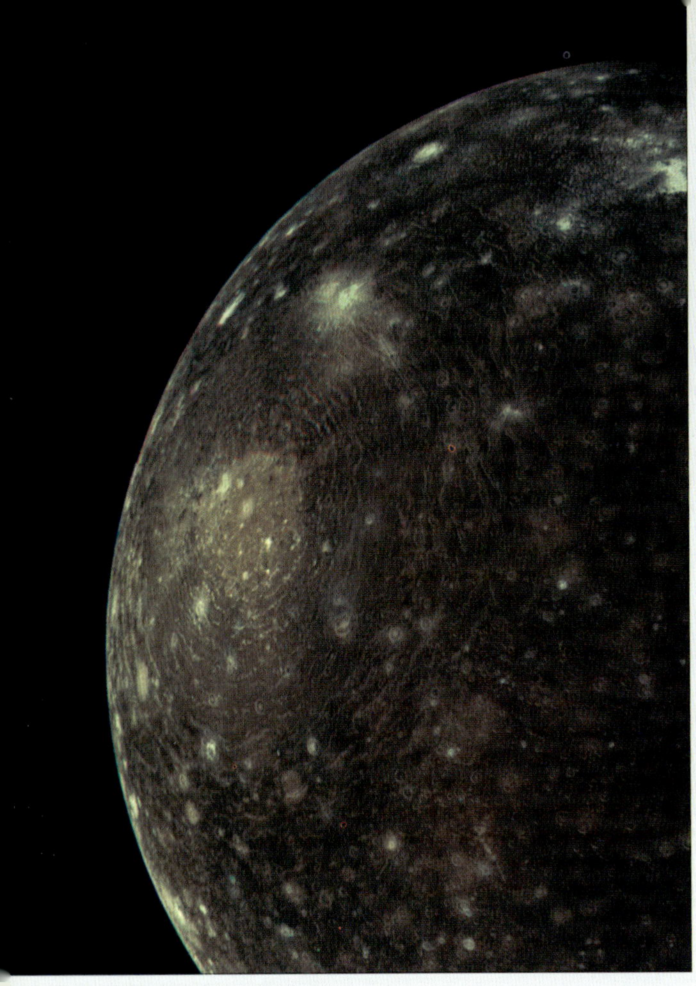

Die Jupitermonde Kallisto, Io, Ganymed und Europa haben jeweils ein individuelles Gesicht, modelliert von den Urkräften der Natur.

linien und kilometerhohen Felsenriffen. Irgendwann wurde Miranda von einem anderen Himmelskörper getroffen und zersprang. Später fügten sich die Trümmerteile wieder zusammen zu dem geologischen Patchworktrabanten, der heute seine Bahn um den Riesenplaneten zieht.

✪ Durch katastrophale Kollisionen entstanden auch die Ringsysteme um die Riesenplaneten. Ein kleiner, nicht allzu weit vom Planeten entfernter Mond, wird von einem kosmischen Projektil getroffen: von einem anderen kleinen Mond oder einem auf Abwege geratenen Kometen oder Planetoiden. Die unzähligen Fragmente verteilen sich innerhalb kürzester Zeit im gesamten Umkreis der ursprünglichen Umlaufbahn. Wie Millionen Minimonde kreisen Felsbrocken und Eisklumpen um den Planeten, in einer flachen Scheibe, schön ordentlich im Äquatorbereich. Durch Folgekollisionen wird das Material weiter pulverisiert. Die Scheibe drängt zwar zur Ausdehnung nach innen und außen, doch die Schwerkraftstörungen anderer kleiner Monde hindern sie daran. Diese vielen Gravitationsresonanzen lassen die zartesten Strukturen entstehen: schmale Ringbögen, die sich nur über einen Teil der Umlaufbahn ausdehnen wie bei Neptun; dünne Ringe aus dunklen Trümmern wie bei Uranus; eine fast strukturlose Staubscheibe wie bei Jupiter oder ein prachtvolles, reich gegliedertes Ringsystem wie bei Saturn.

✪ In so geringem Abstand zu einem Riesenplaneten, im unmittelbaren Einflussbereich starker Gezeitenkräfte, gelingt es den Teilchen im Ring nicht, sich wieder zu einem größeren Himmelskörper zu vereinen. Den kleinen Mond, der bei dem bedauerlichen Zusammenstoß in Stücke

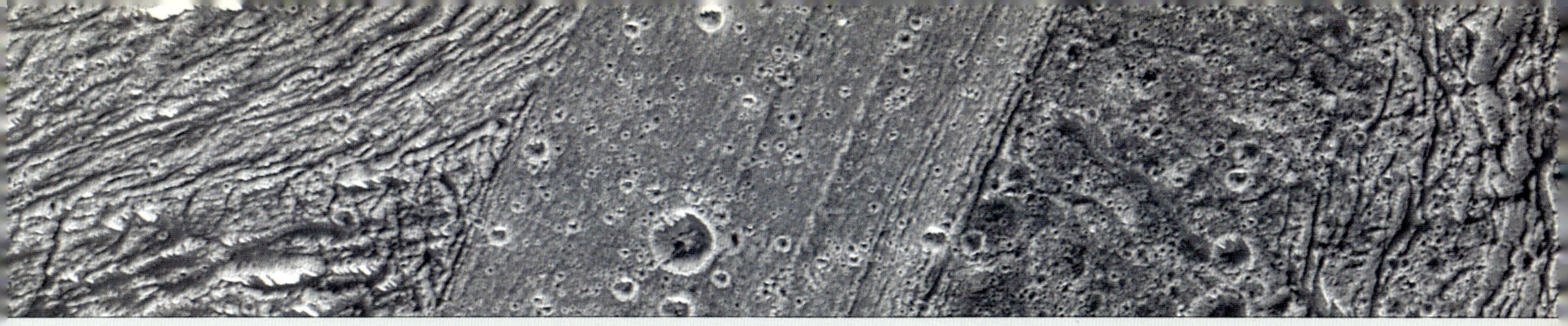

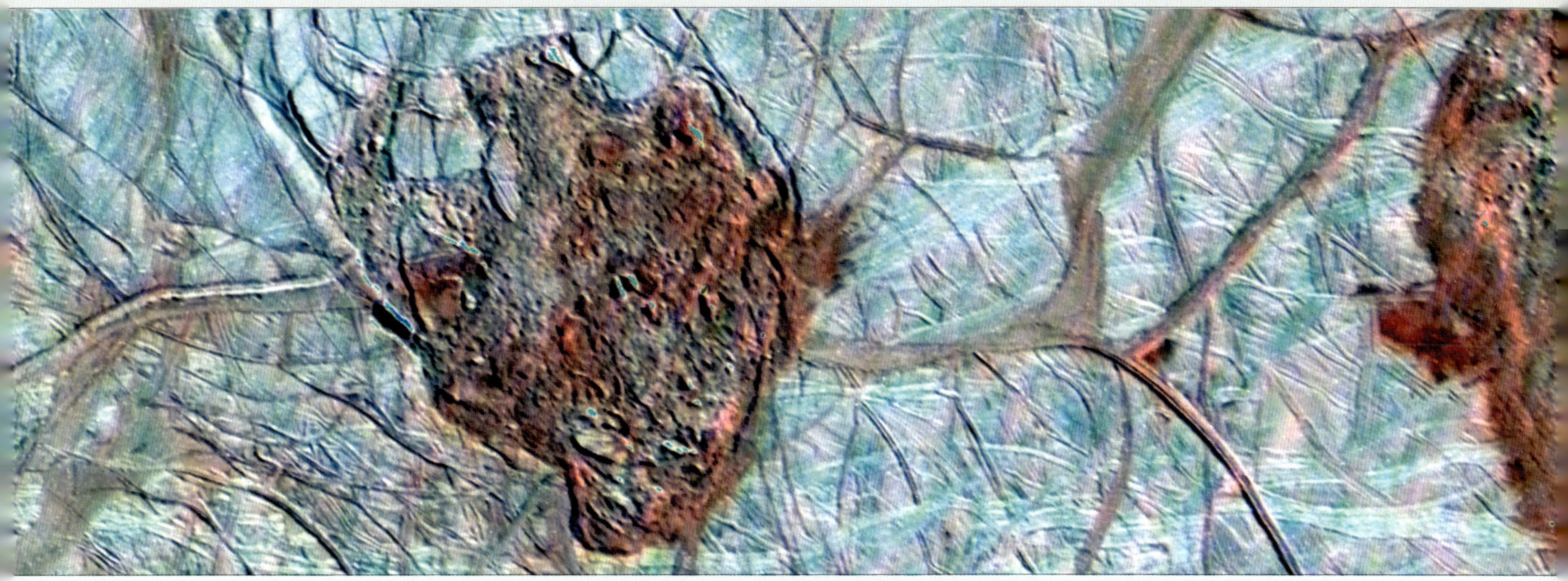

zerschlagen wurde, wird es nie wieder geben. Doch auch das Leben des Ringsystems währt nicht ewig. Ständig dringen kleine Staubteilchen spiralförmig nach innen, um dann hoch oben in der Atmosphäre des Planeten zu verschwinden. Planetenringe sind ein vergängliches Gepränge, mit dem sich die Riesenplaneten für besondere Anlässe schmücken.

Nicht nur das eindrucksvolle Ringsystem von Saturn ist ein lebendiger Beweis für die nicht ruhende Evolution des Sonnensystems, auch das Innere des Planeten hat immer noch nicht sein Gleichgewicht gefunden. Ebenso wie Jupiter besteht Saturn vornehmlich aus Wasserstoff und Helium, den beiden leichtesten Elementen der Natur, aus denen fast das gesamte Universum aufgebaut ist. Im Innern sind Druck und Temperatur nicht hoch genug, um Kernfusionsreaktionen in Gang zu setzen, doch die schweren Heliumkerne sinken langsam hinab ins Planetenzentrum. Bei dieser allmählichen Segregation, diesem leisen „Regen" von Heliumatomen, entsteht Wärme, die an der Außenseite des Planeten in den interplanetaren Raum ausgestrahlt wird. Diese leichte Wärmestrahlung ist einer der vielen Hinweise dafür, dass das Sonnensystem noch nicht den Endpunkt seiner Evolution erreicht hat, dass die Naturkräfte noch immer gemeinsam das ultimative Gleichgewicht suchen.

Jupiters Bahn um die Sonne ist viel enger und er empfängt mehr Sonnenwärme. Dadurch liegen die Wolkenschichten weniger tief versteckt in der Atmosphäre. Verteilt durch die schnelle Rotation Jupiters wickeln sie sich wie helle und dunkle Bänder um den Planeten, parallel zum Äquator. An der Grenzlinie von zwei Wolkenbändern bilden sich kleine und große Wirbel, während in kilometerhohen Kumuluswolken gigantische Blitzschichten Unruhe stiften und Polarlichter in den höheren Regionen der Atmosphäre die Pole des Planeten erglühen lassen.

In ferner Vergangenheit spiegelte sich die Sonne vielleicht im Wasser von Melas Chasma, einem tiefen Tal auf dem Planeten Mars.

Weit entfernt vom Planeten taumeln Dutzende von Planetoiden auf chaotischen Bahnen umher – Jupitermonde, die kaum von der Schwerkraft des Riesenplaneten zu zügeln sind –, doch näher beim Gasriesen rotieren vier große Satelliten in mustergültigen Bahnen als Pseudoplaneten um einen Pseudostern. So wie echte Planeten die Nebenprodukte der Entstehung der Sonne sind, so sind Kallisto, Ganymed, Europa und Io durch die Akkretion in der Wolke entstanden, aus der Jupiter hervorging.

Kosmische Einschläge, vornehmlich in der Jugend des Sonnensystems, haben die Oberfläche Kallistos zu einer desolaten Steinwüste mit Kratern und Senken gemacht. Scharfe Bergkämme werfen Schlagschatten über die tote Landschaft, die nicht mehr durch Erdbeben und Vulkanismus erschüttert wird. Ganymed, etwas größer und näher bei Jupiter, hat eine interessantere Geologie mit Furchen, mit frühen, alten Böden und jungen Bruchlinien und zahlreichen Anzeichen tektonischer Aktivität aufzuweisen. Hier ist das Innere aktiv, Bergketten werden aufgeworfen und Canyons aufgebrochen, vielleicht ist sogar eine Art Kontinentalverschiebung im Gang.

Europa ist der kleinste, doch auch der faszinierendste aus dem Quartett der Monde. Ebenso wie Kallisto und Ganymed besteht er fast nur aus Stein und Eis, doch die starken Gezeitenkräfte Jupiters kneten sein Inneres, wobei genügend Energie für eine Eisschmelze entsteht. Den kleinen Steinkern umschließt ein Hunderte Kilometer dicker Wassermantel, auf dem eine erstarrte Kruste treibt, die viel Ähnlichkeit mit dem Packeis am Nordpol der Erde hat, mit sich stauenden Schollen und zerberstenden Eisplatten. Wasser aus dem Innern wird oft durch die Ritzen und

Alle felsartigen Himmelskörper im Sonnensystem tragen Narben des kosmischen Bombardements

Spalten in der Kruste nach oben gepresst; Einschlagkrater verlieren im Laufe von Tausenden von Jahren ihr Relief und werden glatt geschliffen durch die schwerfällige permanente Bewegung des Eises.

Tief unter der Oberfläche dieser fast spiegelglatten Kugel sind alle Zutaten für die Entstehung von Leben vorrätig: Wasser, Energie (geliefert von Jupiters Gezeitenkräften) und organische Moleküle, die von Planetoiden und Kometen stammen, die mit Europa zusammenstießen. Der unterirdische Ozean Europas, das flüssige Ergebnis von Milliarden Jahren kosmischer Evolution, ist der potenzielle Ursprungsort von Mikroorganismen, ist eine Wiege für neues Leben.

Welch ein Unterschied zu der höllischen Welt von Io, dem innersten der vier Jupitermonde. Io gleicht einer Welt aus Feuer und Schwefel, aus speienden Vulkanen und geschmolzenem Gestein. Die pockennarbige Oberfläche zeigt überall Spuren junger und alter Eruptionen: gähnende Krater, orangegelbe Ablagerungen, Lavaseen und Rauchwolken. Das Innere ist eine dickflüssige Kugel glühend heißer Magma. Nicht ein Himmelskörper im Sonnensystem hat eine so große vulkanische Aktivität aufzuweisen wie Io.

Jupiters Durchmesser ist zehnmal kleiner und seine Masse tausendmal geringer als die der Sonne. Für kosmische Maßstäbe ist er ein unansehnliches Objekt, ein gasförmiger Fussel, rund geformt durch den Einfluss der Schwerkraft. Doch verglichen mit der unbedeutenden Existenz

Der kahle, leblose Mond, einst entstanden in einer kosmischen Katastrophe, ist der nächste Nachbar unseres blauen Heimatplaneten.

der Erde ist Jupiter ein Koloss, der mit seiner eigenen Schwerkraft seiner Umgebung seinen Willen aufzwingt. Er hat Ringe und Monde im Griff, schmelzt das Innere von Io und Europa, schleudert Kometen durch das Sonnensystem und beeinflusst sogar die Bahnbewegungen anderer Planeten. Schwärme kleinerer Planetoiden bewegen sich in derselben Bahn wie der Gigant, eine Hälfte vor dem Planeten, die andere Hälfte hinter ihm, unter Kontrolle gehalten durch das subtile Gravitationsgleichgewicht von Sonne und Jupiter. Auch im Planetoidengürtel – der breiten Zone mit kosmischen Trümmern zwischen den Bahnen von Jupiter und Mars – ist dieser Riese des Sonnensystems Alleinherrscher: Hier erzeugt er Resonanzen, wodurch die leeren Zonen im Gürtel entstehen, oder Störungen, die die Steinklumpen in die inneren Regionen des Sonnensystems dirigieren.

✪ So werden die kleinen, erdähnlichen Planeten ständig von Projektilen bedroht, die kreuz und quer herumschwirren in geneigten und lang gezogenen Bahnen und dabei die Umlaufbahnen der Planeten kreuzen oder schneiden. Alle felsartigen Himmelskörper im Sonnensystem – Merkur, Venus, die Erde und der Mars, aber auch der Mond und die Planetoiden selbst – tragen die Narben des himmlischen Bombardements: Dutzende und oft sogar Hunderte Kilometer große Krater, entstanden bei den katastrophalen Einschlägen dieser Riesenmeteoriten.

✪ Die schwersten Einschläge datieren aus der frühen Jugend des Sonnensystems, der Schlussphase des Entstehungsprozesses der Planeten, als Himmelskörper mit Größen von Tausenden

Mit Hilfe von Radar wurde die Oberfläche der Venus kartiert, die sich ständig unter dicken Wolkenschichten verbirgt.

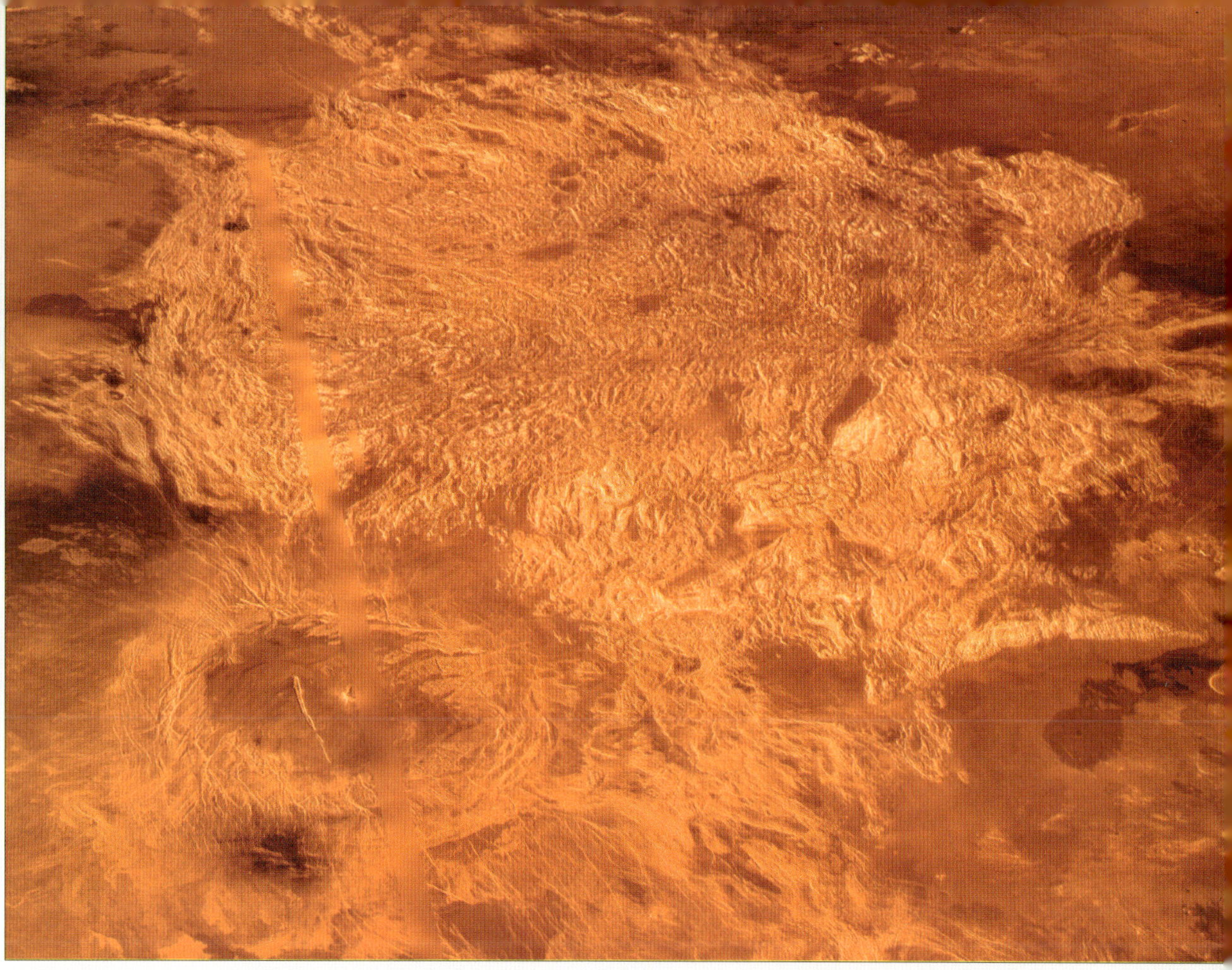

Rillen und Strömungsmuster in einer Kraterwand auf dem Mars lassen vermuten, dass sich unter der Oberfläche des Planeten Wasser befindet.

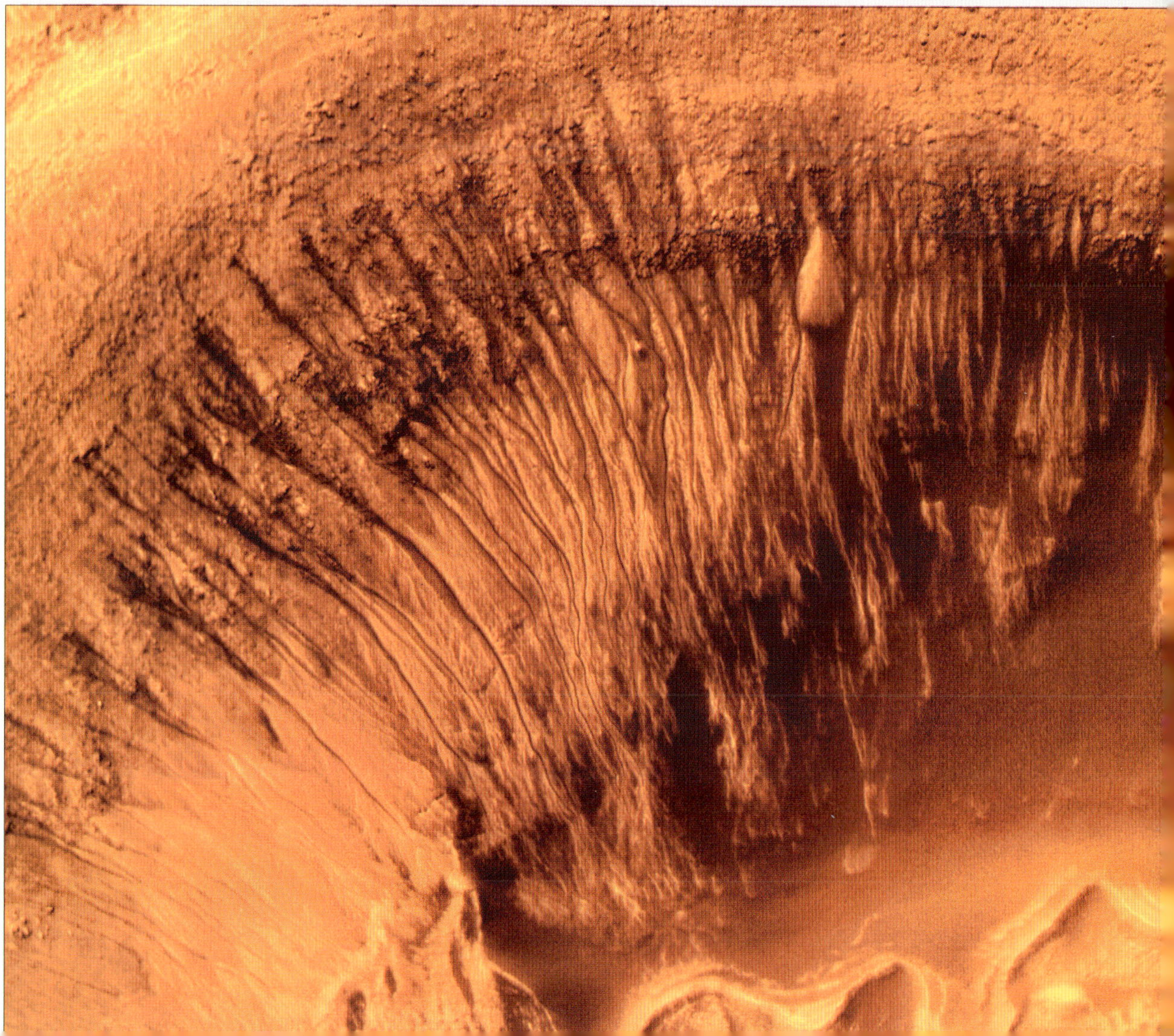

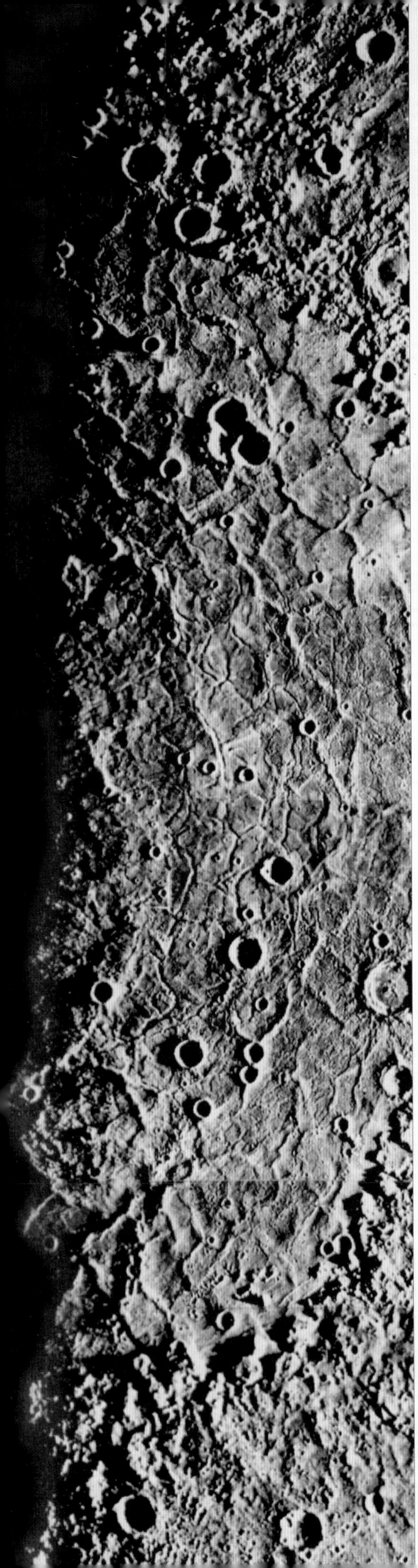

Planet aus Gestein und Metall: Der kleine Merkur ist eine schwere Kugel, von kosmischen Einschlägen gezeichnet

Kilometern miteinander kollidierten. Auch die Schauerszenarien dieses kosmischen Schlachtfelds sind noch zu rekonstruieren. So wurde beispielsweise der innerste Planet im Sonnensystem, Merkur, als relativ große Welt mit einem stabilen Kern aus Eisen und Nickel und einem dicken Gesteinsmantel geboren. Doch bei der Kollision mit einem kleineren Himmelskörper wird ein Großteil des Merkurmantels zertrümmert und zurück bleibt ein kleinerer Planet mit einem übergroßen Metallkern.

Venus hat den ungewöhnlichen Stand ihrer Drehachse vielleicht einer solchen Katastrophe zu verdanken. Der Planet dreht sich merklich langsamer um seine Achse und zudem in der falschen Richtung, als wäre er bei einem Rieseneinschlag auf den Kopf gestellt worden. Auf dem Mars spielte solch ein Zusammenprall vielleicht eine entscheidende Rolle bei dem Klimaumschwung, den der Planet vor Milliarden Jahren erlebte. Die dicke Atmosphärenschicht, die der Planet einst hatte und die vielleicht die Entwicklung von mikroskopischem Leben ermöglichte, entschwand fast ganz in den Raum, wodurch der Rote Planet abkühlte und austrocknete.

Und die Erde? Sie hat die Existenz ihres nächsten Nachbarn im Weltall himmlischen Mächten zu verdanken. Der silbrigweiße Mond, Sinnbild von Stille und Ruhe, ist das konkrete Ergebnis einer Titanenkollision in der tumultreichen Anfangszeit des Sonnensystems. Der Hüter der Erde ist ein Kriegskind, entstanden durch einen kosmischen Konflikt.

Die Erde ist noch jung und heiß – gerade erst aus zusammengebackenem Staub, aufeinander gepackten Kieseln und Felsklötzen, kollidierenden Planetesimalen entstanden. Eisen und Nickel sinken nach unten und bilden einen langsam erstarrenden Metallkern. Geschmolzenes Gestein wird nach oben gedrückt; aus dem formbaren Mantel bahnt sich glühendes Magma durch die brüchige Kruste. Die Oberfläche des jungen Planeten ist ein Fegefeuer flüssiger Lavaströme, brodelnder Vulkane und siedender Tümpel. Dicke Nebel aus Wasserdampf, Methan und Ammoniak, ausgespieen von rauchenden Felsen, hängen schwer über der dämonischen Landschaft. Nichts lässt erkennen, dass in dieser Welt einmal Orchideen blühen und Kolibris fliegen werden.

Unangekündigt und unerbeten taucht in der Ferne ein zweiter Protoplanet auf, ebenso heiß und ebenso höllisch und mit – wer weiß – derselben Potenz wie die Erde, doch leichter und kleiner. Unzählige Male haben die beiden Himmelskörper einander in Sicherheitsabstand passiert, jeder auf seiner eigenen elliptischen Umlaufbahn um die Sonne, doch den Schwerkraftmächten ausgeliefert, ist eine Kollision irgendwann unvermeidlich. Der kleinere Protoplanet, halb so groß wie die Erde, rast mit

Planet aus Gas und Flüssigkeit: Der Riese Jupiter besitzt keine feste Oberfläche, sondern ein sich ständig änderndes Äußeres aus wirbelnden Wolken.

einer Geschwindigkeit von mehreren Kilometern pro Sekunde seinem Untergang entgegen, besudelt das Firmament über der Vulkanlandschaft, verdunkelt die Sonne und stört den kochenden Ozean und die siedende Atmosphäre.

Dann wird die Erde an ihrer Flanke von dem himmlischen Eindringling angegriffen. Sie bebt und zittert unter der Gewalt des seitlichen Aufpralls. Das Projektil zerspringt und verdampft, während es sich in den Planeten hineinbohrt. Himmelskörper zerbröckeln und verschmelzen; der Erdmantel sprüht wie eine kegelförmige Gardine Klumpen flüssigen Gesteins in den Raum. So gigantisch ist die Energie des Einschlags, dass selbst der Erdkern wieder schmilzt und glüht, wobei der Planet noch lange vibriert und nachbebt wie ein zittriger Wackelpudding.

Tagelang regnet es Feuer und Asche vom Himmel: Trümmerstücke des Einschlags fallen zurück auf die Erde, während Wolken aus Staub und Asche die Sonne weiter verdunkeln. Doch viele Einschlagtrümmer haben sich für immer von der Erde entfernt. Erstarrende Steinklumpen schwärmen in chaotischen Bahnen um den nachbebenden Planeten: Material aus dem Erdmantel, aber auch Reste des zertrümmerten Protoplaneten. Schon scheint sich die Erde mit einem Ringsystem aus kosmischem Schrott schmücken zu wollen, doch da setzt unwiderruflich der Akkretionsprozess ein. Die Schwerkraft zwingt der Materie ihre Macht auf. Steine fügen sich zusammen und im Nachhall der Katastrophe entsteht innerhalb weniger Tage eine neue Welt.

Kurz nach seiner Geburt ist der Mond noch formlos und formbar – ein heißer Ball aus Gestein und Mineralien, nicht weit von der Erde, gebacken aus den Splittern und Klumpen zweier kollidierender Himmelskörper. Erst später erkaltet er, wird seine Oberfläche heimgesucht von größeren oder kleineren Einschlägen, entfernt er sich immer mehr von seinem Mutterplaneten und nimmt schließlich seine vertraute Gestalt an: ein unglaublich großer Begleiter eines relativ kleinen Planeten.

✪ Streifschüsse und kosmische Volltreffer sind gang und gäbe in der Jugend des Planetensystems; Chaos und Zufall bestimmen den Ausgang der Schlacht. Keine zwei Planeten sind gleich, jeder Mond erzählt seine eigene Geschichte. Verschiedenheit ist Trumpf, Veränderung die einzige Konstante. Und auch wenn die Rauchwolken des Urbombardements abgezogen sind, wenn das Sonnensystem zur Ruhe kommt und die Planeten in friedlicher Isolation um die Sonne kreisen, auch dann dauert die Evolution fort und die Veränderung ist überall auf dem Sprung.

Flüchtige weiße Wolken ballen sich über den höchsten Vulkanspitzen auf dem Mars. Von allen Planeten scheint Mars der Erde am ähnlichsten.

✪ Die Venus scheint der Erde anfänglich ähnlich zu sein: Bergketten, Vulkane, Flüsse und Meere, eine Welt aus Wind und Wasser, wo geologische Vorgänge die Landschaft modellieren und wo es nur eine Frage der Zeit scheint, bis die ersten Mikroorganismen entstehen. Doch die Venus steht zu dicht bei der Sonne, die stetig an Helligkeit zunimmt, wodurch der Planet mehr und mehr aufgeheizt wird. Die Atmosphäre hält die Wärme fest wie ein Treibhaus. Die Oberflächentemperatur steigt, Seen und Ozeane verdampfen und die Wasserdampfkonzentration in der Atmosphäre schießt in die Höhe. Dies verstärkt noch den Treibhauseffekt, das Klima auf der Venus spielt verrückt, es gibt keine Rettung mehr. Ultraviolettes Sonnenlicht rückt die Wassermoleküle in der Atmosphäre auseinander; Wasserstoff entschwindet in den Raum, während Sauerstoffatome sich an das Oberflächengestein binden. Die Venus kocht und trocknet aus. Vulkane speien weiter Kohlensäuregas in die Atmosphäre – ein anderes Treibhausgas, das zudem nicht mehr durch Regen aus der Atmosphäre gespült wird. Die Atmosphäre wird dicker und dicker, der Luftdruck auf der versengten Oberfläche steigt. So wird die Zwillingsschwester der Erde zu einem Alptraumplaneten, auf dem die 500 °C ausreichen, um Blei zum Schmelzen zu bringen, und wo die schwefelsaure Atmosphäre 90-mal so schwer ist wie auf der Erde.

✪ Auch Mars hatte Meere und Ozeane kurz nach seiner Entstehung. Trotz der größeren Entfernung zur Sonne hält der Treibhauseffekt die Temperatur auf dem Mars knapp über dem Gefrierpunkt. Doch der Mars ist zu klein. Im Innern des Planeten wird weniger Wärme produziert als im Kern der Venus oder der Erde. Mars strahlt diese Wärme zudem effektiver ab. Der Planet kühlt aus, die geologische Aktivität kommt zum Stillstand. Der Kohlendioxidgehalt der Atmosphäre wird so durch Vulkanausbrüche nicht mehr erhöht, doch das Gas wird durch Regen aus der Atmosphäre gespült. Der Treibhauseffekt wird allmählich geringer und die Oberflächentemperatur sinkt. Der Mars friert zu; das verbleibende Wasser türmt sich in gefrorener Form in

Blau und stumm segelt der Riesenplanet Neptun durch den kalten Außenbereich des Sonnensystems.

der porösen Planetenkruste auf; die Atmosphäre wird immer flüchtiger. Der Rote Planet, vielleicht irgendwann die Heimat eigener Mikroorganismen, wandelt sich in eine kalte, trockene Steinwüste, die keinerlei Ähnlichkeit mehr mit der blauen Oase der Erde aufweist.

Dieser blaue Planet ist dem Tanz entwischt. Weit genug von der Sonne entfernt, um dem Treibhaustod zu entrinnen, hielt sich die Temperatur auf der Oberfläche der Erde in Grenzen, konnte Wasser weiterhin fließen und die geologische Aktivität des Planeten sich behaupten. In dieser warmen Wasserwelt, der zufällig die willkürlichen Launen der Natur erspart blieben, beginnt ein weiterer Akt auf dem Pfad der kosmischen Evolution. Hier, in dem sensiblen Übergangsbereich zwischen Hitzetod und Eiseskälte, auf Messers Schneide, vollzieht sich das Wunder der Komplexität. Hier entwickeln sich organische Moleküle zu einzelligen Mikroben.

Auf der Erde entsteht Leben.

8

Evolution

Zehn Milliarden Jahre braucht der Kosmos, um Quarks und Elektronen auf einem kleinen Planeten in einem entlegenen Winkel des Weltalls zu einem DNS-Strang zusammenzufügen. Das Universum wird zum Leben erweckt.

Der Mensch ist das Ergebnis von 14 Milliarden Jahren kosmischer Evolution. Ein wundersames Konstrukt aus Atomen und Molekülen, Genen und Zellen, Knochen und Sehnen, Organen und Hormonen, Körper und Geist – doch gleichzeitig auch ein Gefüge aus Quarks und Elektronen, die den ehernen Gesetzen der Natur gehorchen: Teilchen, die kurz nach dem Urknall bereits da waren, wenn auch in anderen Konfigurationen; Kräfte, die zuvor komplette Galaxien modelliert haben. Nun haben sie sich zu einem komplexen Organismus zusammengefügt, der voller Bewunderung zum Sternenhimmel aufschaut und über seine eigene Herkunft nachdenkt.

☆ Ob die Entstehung von Leben ein zwangsläufiges Ereignis in der kosmischen Evolution war, weiß niemand. Vielleicht war es der Fall; vielleicht führt die zunehmende Komplexität zwingend zu Replikation und Zellteilung und die Mikroorganismen sind der logische nächste Schritt nach dem Zusammenschmelzen von Elementarteilchen zu Atomen und der Verbindung von Atomen zu Molekülen. Wie das erste DNS-Molekül entstand, ist jedoch nicht bekannt, und was die Entstehung der ersten lebenden Zelle betrifft, tappt die Wissenschaft im Dunkeln. Leben mag dann vielleicht eine selbstverständliche Phase in der Evolution des Weltalls bedeuten, doch auch als Naturerscheinung ist Leben nicht weniger rätselhaft.

☆ Mit der Entstehung der ersten Kohlenstoffatome, kurz nach dem Urknall im Innern der neugeborenen Sterne, wird unwiderruflich der Weg eingeschlagen, der letztendlich zu organischen Verbindungen und präbiotischer Evolution führt. Einmal in den dunklen, kalten Raum hinaus geblasen, fügen sich Kohlenstoff-, Sauerstoff-, Stickstoff- und Wasserstoffatome zu organischen Molekülen zusammen. In Form kleiner Eiskristalle setzen sie sich auf interstellare Staubteilchen, und unter dem Einfluss ultravioletten Sternenlichts und kosmischer Strahlung entstehen allmählich von selbst Aminosäuren – die Bausteine des Lebens.

☆ Die Menge der Kohlenwasserstoffe im Universum ist nach einigen Milliarden Jahren bereits unvorstellbar groß. Komplexe Moleküle, lange Kohlenstoffketten und organische Verbindungen sind eine nicht mehr wegzudenkende Zutat des interstellaren Cocktails. Dunkle Molekülwolken enthalten ausreichende Mengen von Aminosäuren, um Tausende von Welten wie die Erde zu besiedeln. Entsandt von Kometen und Meteoriten regnen sie wenig später auf die jungfräulichen Planeten nieder, die die Sterne der zweiten Generation in diesen Wolken begleiten.

☆ Die Bausteine entstehen während des Urknalls und die präbiotische Evolution spielt sich im weiten Raum zwischen den Sternen ab. Doch ohne die Geborgenheit eines Planeten mit warmem

Der belebte Planet: Die Erde ist der einzige bekannte Ort im Weltall, auf dem es Leben gibt.

Wasser und einer schützenden Atmosphäre, ohne die schützende Hülle einer kosmischen Wiege wie der Erde wäre alles umsonst gewesen. Das wahre Wunder vollzieht sich im Urozean eines kleinen Krümels, der sich labt am Licht und der Wärme eines unauffälligen Sterns.

☆ DNS-Moleküle sind im interstellaren Raum nicht zu finden. Kosmische Gas- und Staubwolken enthalten aller Wahrscheinlichkeit nach keine ausgewachsenen Mikroorganismen. Außerirdisches Lebens wurde noch nicht entdeckt. Doch in einem unendlichen Weltall, in dem es von präbiotischen Bausteinen nur so wimmelt und in dem ein Planetensystem ein natürliches Nebenprodukt des Entstehungsprozesses eines Sterns ist, ist es vielleicht ausgeschlossen, dass nur auf der Erde Leben entsteht. Einstmals glich auch Mars der Erde und wurde von denselben Kometen und Meteoriten unter Beschuss genommen. Andere Sterne werden auch von Planeten begleitet, und was hier geschieht, spielt sich zweifellos auch anderswo ab. Selbst wenn die Entstehung von Leben ein äußerst unwahrscheinlicher Prozess ist, so ist das Weltall doch so gigantisch in Raum und Zeit, dass dieser Prozess mehr als einmal stattgefunden haben muss.

☆ Ein einzelliger Organismus gehört zu einer völlig anderen Ordnung als ein Aminosäure- oder Kohlenstoffatom. Prokaryotische Bakterien sind komplette Ökosysteme von DNS-Molekülen, Zellplasma, Ribosomen und Flagellaten – keine Begriffe aus der exakten Welt der Natur- und Sternkunde, sondern aus dem viel komplexeren und weniger gut erfassten Gebiet der Biologie. Doch unterscheidet sich ein Kohlenstoffatom im genetischen Material einer Salmonellenbakterie nicht von einem Kohlenstoffatom im Kern eines Sterns und die Bausteine von *E. coli* folgen genau denselben Naturgesetzen wie die Quarks und Elektronen im Urknall. Kein einziges Molekül in einem Pantoffeltierchen weist unerklärliche Eigenschaften oder ein unerklärliches Verhalten auf; nur auf der Ebene des gesamten Organismus reicht unser Erklärungsvermögen nicht aus. Dass man von einer vollkommen anderen Ordnung spricht, ist vielleicht unserer menschlichen Wahrnehmung zuzuschreiben.

☆ Der Übergang von leblosen Molekülen und einfachen Replikatoren zu lebenden Mikroorganismen stellt dennoch eine enorme Zunahme an Komplexität dar – ein Akt im kosmischen Evolutionsdrama, der vielleicht unvermeidlich war, doch der zehn Milliarden Jahre früher, als die ersten Wasserstoff- und Heliumatome entstanden, noch kaum vorstellbar schien. Verglichen mit diesem Riesensprung ist die weitere Entwicklung von Leben ein recht kleiner Schritt, der zudem erst einige Milliarden Jahre später geschieht.

Dunkle Molekülwolken zwischen den Sternen enthalten organische Verbindungen wie Kohlenwasserstoffe und Aminosäuren.

In der Umgebung sterbender Sterne klumpt Materie zusammen und es bildet sich kristalliner Staub mit dünner Eisschicht, in der chemische Reaktionen beginnen.

☆ Leben auf der Erde ist gut drei Milliarden Jahre alt, als zum ersten Mal mehrzellige Organismen auf der Bildfläche erscheinen. In einer plötzlichen Explosion neuer Lebensformen werden irdische Ozeane von Schwämmen und Trilobiten, Gliederfüßern und Wirbeltieren belebt. Gräser und Farne färben die kahle Landschaft grün, Amphibien verlassen die flachen Küstengewässer, Reptilien entwickeln sich zu Herrschern auf dem Lande. Wieder später erobern die Säugetiere die ökologischen Nischen der irdischen Biosphäre, und etwa eine halbe Milliarde Jahre nach der Entstehung der ersten Mehrzeller – nur wenige Prozent der Lebensdauer eines mittleren Sterns – stellt der *Homo habilis* in der afrikanischen Savanne Faustkeile her.

☆ Die Evolution von Leben auf der Erde ist nicht wundersamer, jedoch auch nicht weniger Aufsehen erregend als die Evolution von Galaxien, Sternen und Planeten. In beiden Fällen sind es eine Hand voll Regeln und Gesetze, denen die Natur notgedrungen folgt und die einen beispiellosen und unerwarteten Reichtum an Erscheinungsformen hervorbrachten: Kernkräfte, Schwerkraft und Elektromagnetismus in der kosmischen Evolution; Mutation, Vererbung und natürliche Selektion in der biologischen Evolution. Das genaue Ergebnis des Evolutionsrezeptes kann in beiden Fällen nicht im Voraus bestimmt werden, ebenso wenig wie Geruch und Geschmack einer Speise aus einem Kochbuch ersichtlich sind.

☆ Die darwinistische Evolutionstheorie, gesteuert durch zufällige Mutationen im Erbgut, ist selbst von Natur aus nicht vorhersagbar. Das Leben auf der Erde strebt nicht nach Komplexität, Mobilität, Reinheit oder Klugheit, auch wenn dies Eigenschaften sind, die einst fehlten, doch heute unverzichtbar erscheinen. Die Evolution kennt weder Plan noch Ziel, sondern tastet sich

Mikroorganismen entstanden vielleicht so schnell, weil sich die präbiotische Evolution zumeist im interstellaren Raum abspielte.

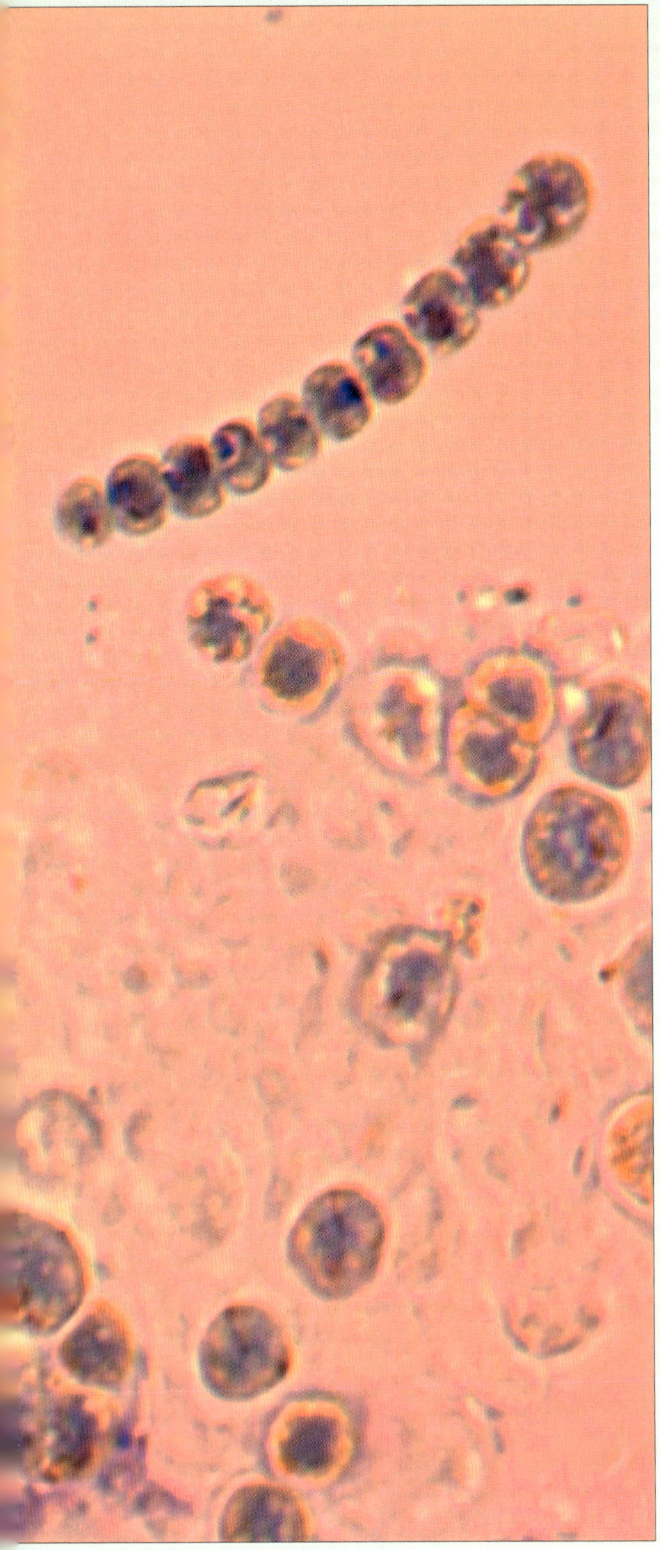

vor, probiert aus, hat hier Pech und dort Erfolg. Das Gruppenverhalten der Ameise, die Geschmeidigkeit des Jagdleoparden, die Pracht der Paradiesvogelblume und die Intelligenz des Menschen – all dies sind zufällige, doch deshalb nicht minder eindrucksvolle Exponenten des darwinistischen Doppelspiels. Würden alle erdähnlichen Planeten im Weltall mit identischen Mikroorganismen starten, basierend auf einem universellen präbiotischen Bauplan, auch dann wäre es undenkbar, dass auf diesen anderen Planeten auch Rosenblätter oder Pfauenfedern entstünden. Leben mag zwar universell sein, doch wer auf die Details achtet, der erkennt die wahre Einzigartigkeit des Lebens auf der Erde.

☆ Aufgebaut aus Elementarteilchen, regiert von den elementaren Naturkräften, entstanden und modelliert unter dem Einfluss träger, zeitraubender Prozesse: Das Leben auf der Erde ist ein Produkt der kosmischen Evolution, ein unlöslicher Teil der Vielseitigkeit des Weltalls. Doch gleichzeitig beeinflusst dieses Leben wiederum das Weltall, wenn auch in sehr bescheidenem Maße. Die Erde verändert ihr Äußeres durch die Geschehnisse in der Biosphäre. Leben hinterlässt Spuren.

☆ Milliarden Jahre produzieren Mikroorganismen Sauerstoffmoleküle, die sich in der Atmosphäre der Erde ansammeln. Später nimmt der Sauerstoffgehalt der Atmosphäre infolge der Photosynthese der grünen Pflanzen weiter zu. Aus einer reduzierenden Umwelt, die durch Gase wie Methan, Ammoniak und Kohlendioxid gekennzeichnet ist, wandelt sich die Atmosphäre in eine aggressiv oxidierende Umwelt, die nur durch die ständige Zufuhr von Sauerstoff aufrechterhalten werden kann. Keine einzige Planetenatmosphäre im Sonnensystem ist chemisch so aus dem Gleichgewicht geraten wie die der Erde.

☆ Dieses chemische Ungleichgewicht in der Atmosphäre eines Planeten ist wahrscheinlich der beste Fingerzeig auf der Suche nach außerirdischem Leben. Ein entfernter Exoplanet, beschienen vom Licht seines Muttersterns, hinterlässt seinen eigenen spektroskopischen Schriftzug in Form der wenigen Strahlung, die er reflektiert. Wem es gelingt, dieses schwache Reflektionsspektrum zu bestimmen und zu analysieren, der kommt vielleicht einer unwahrscheinlichen Mischung von Sauerstoff, Ozon und geringen Mengen von Methangas auf die Spur – einer Mischung, die ohne biologische Prozesse auf der Planetenoberfläche keine Daseinsberechtigung hat.

☆ Erst seit einigen Dutzend Jahren produziert der Planet, auf dem wir wohnen, noch eine andere Art ungewöhnlicher Strahlung:

Radiowellen auf den unterschiedlichsten Frequenzen – kräftige Trägerwellen, moduliert durch eindeutig künstliche Signale, die teilweise aus dem Äther stammen und sich mit Lichtgeschwindigkeit in das Weltall ausbreiten. Die Suche nach vergleichbaren Signalen miteinander kommunizierender außerirdischer Kulturen blieb bisher ergebnislos, doch wer auf einem entfernten Exoplaneten keine Rosenblätter und Pfauenfedern vorzufinden erwartet, muss vielleicht auch nicht damit rechnen, dass der Kosmos von Lebensformen bevölkert wird, die dieselbe unwahrscheinliche Kombination von Intelligenz, Selbstbewusstsein, Neugier, Technologie und Kommunikationsdrang aufweisen wie der *Homo sapiens*.

☆ Etwa zehn Milliarden Jahre nach dem Urknall, als ganze Generationen schwerer Sterne ihre Kernfusionserzeugnisse in den Kosmos ausgestoßen hatten und in dunklen Molekülwolken, bereichert durch organische Verbindungen, neue Sonnensysteme entstehen, ist Leben auf der Erde bereits eine Tatsache. Nochmals vier Milliarden Jahre später ist die kosmische Evolution an zahllosen Stellen in eine launische und unvorhersehbare biologische Evolution ausgeartet. Doch wer in diesem unabsehbaren Universum die versteckten Winkel erfolgreich nach entstehendem Leben absuchen will, darf sich nicht auf ein spezielles Attribut wie interstellare Radiobotschaften intelligenter Aliens beschränken, sondern sollte den allgegenwärtigen spektroskopischen Fingerabdruck biologischer Aktivität ausfindig machen.

Nur die Atmosphäre der Erde ist chemisch so aus dem Gleichgewicht geraten

☆ Die kosmische Evolution geht aus von einem diffusen, fast faltenlosen Meer von Materie und Energie und endet in einem hierarchisch aufgebauten Universum mit einem überwältigenden Reichtum an Strukturen jeder erdenklichen Art, von Haufen, Galaxien, Molekülwolken, Sternen und Planeten bis hin zu Kristallgittern, Molekülen, Atomkernen, Nukleonen und Quarks. Leben findet sich auf halbem Wege dieser Messlatte von Dimensionen – ein komplexes und sensibles Phänomen, das sich zusammensetzt aus den Bausteinen des Mikrokosmos und erst möglich wird durch den Zusammenhang im Makrokosmos. Vielleicht besitzt das Weltall tatsächlich einen ursprünglichen Komplexitätsdrang; vielleicht ist die Entstehung von Leben eine zwangsläufige Folge der Entwicklung, die mit dem Urknall in Gang gesetzt wurde. Dennoch legt das Universum eine große Gleichgültigkeit gegenüber dem Leben an den Tag, denn was in Milliarden Jahren in kleinen Schritten aufgebaut wurde, kann von einem Tag auf den anderen ohne Pardon wieder zunichte gemacht werden.

☆ Dieselben Prozesse, die für die Entstehung von Leben unerlässlich sind, können eben dieses Leben wieder auslöschen. Sternexplosionen und Kometeneinschläge sind die segensreichen Götter – die *Schiwas* – des Universums: Sie bringen Leben *und* Tod, Schöpfung *und* Vernichtung. Sogar die Sonne stellt in Zukunft die größte Bedrohung für die Biosphäre dar. Der Kosmos ist keine warme, sichere Umgebung für empfindliche Dinge wie einen fragilen lebenden Organismus, sondern eine gleichgültige und ungastliche Welt; kein Garten Eden, sondern ein Armageddon.

☆ Die Explosionsgewalt von Supernovae und Gammablitzen stülpt Sterne um und verstreut die nukleare Asche über die dunklen Wellen des kosmischen Ozeans. Kohlenstoff und Sauer-

> Der Farbreichtum der Ablagerungen in Thermalquellen wird von Bakterien verursacht, die unter diesen Extrembedingungen gedeihen.

>> Der Einschlag eines Planeten oder Planetoiden vor 56 Millionen Jahren beendete die Herrschaft der Dinosaurier.

stoff, Nickel und Eisen, Silber und Gold – die chemische Unterschiedlichkeit des Weltalls existiert nur dank der Explosion von Sternen, ohne dieses himmlische Feuerwerk gäbe es Erde und Leben nie. Doch die Sternexplosionen bringen auch Tod und Verderben mit sich. In weitem Umkreis werden Planeten sandgestrahlt und versengt von dem sich ausdehnenden Mantel überhitzter Gase. Kräftige Wellen von Röntgen- und Gammastrahlen sterilisieren Welten bis zu Dutzenden Lichtjahren Abstand. Stürme elektrisch geladener Teilchen zerstören lebende Zellen – zerbrechliche biochemische Kunstwerke, die gegen diese Invasion energiereicher Elektronen und Protonen nichts ausrichten können.

☆ Kosmische Einschläge sind noch katastrophaler. Gefrorene Kometenköpfe – poröse Zusammenballungen aus Eis und Gestein, die Überbleibsel der Entstehung von Planetensystemen – sind die Fahrzeuge, mit denen interstellare Kohlenwasserstoffe, Aminosäuren und andere organische Verbindungen auf warmen, feuchten und fruchtbaren Planeten wie der jungen Erde landen. Ohne das Urbombardement, dem die Planeten in der Jugend des Sonnensystems ausgesetzt sind, wäre die Erde ein stiller, toter Planet und ebenso leblos wie der Mond. Doch Kometen sind zugleich auch tödliche Projektile. Sie schlagen Krater in die Erdkruste, werfen Trillionen Tonnen Materie in die Stratosphäre und bringen das Klima außer Rand und Band. Die Sonne versteckt sich für Monate hinter dicken Staubwolken, die Temperatur „sackt in den Keller“, Arten sterben aus, Nahrungsketten werden unterbrochen.

☆ Nach dem Urbombardement, kurz nach der Entstehung des Sonnensystems, geht die Einschlagfrequenz glücklicherweise rasch zurück, dennoch wird die Erde durchschnittlich einmal in 100 Millionen Jahren von einem kosmischen Bruchstück mit einem Durchmesser von einem bis zehn Kilometern getroffen. Dies reicht aus für eine durchgreifende Klimaänderung, für eine drastische Verlagerung des biologischen Evolutionskurses. So wird 140 Millionen Jahre nach

dem Erscheinen der Dinosaurier ihrer Alleinherrschaft ein abruptes Ende gesetzt, als sich im Gebiet der Karibik ein Komet mit hoher Geschwindigkeit in die Erdkruste bohrt, einen Krater von 200 Kilometern schlägt und in kurzer Frist 90 Prozent des biologischen Artenreichtums auf dem Planeten ausgelöscht werden.

☆ Es mag eine Ironie des Schicksals sein, doch der *Homo sapiens* hat seine Existenz indirekt dieser kosmischen Katastrophe zu verdanken, denn ohne den vernichtenden Einschlag hätten die Riesenreptilien wahrscheinlich immer noch „das Sagen" auf der Erde und wäre die schnelle und vielseitige Evolution von Säugetieren vermutlich nie in Gang gekommen. Gleichzeitig müssen wir uns bewusst sein, dass die Einschlaggefahr keineswegs gewichen ist, dass es nur eine Frage der Zeit ist, ob die Erde erneut von einer Variante des Letzten Gerichts getroffen wird. All unserer wissenschaftlichen Erkenntnis und technischen Vernunft zum Trotz sind wir de facto der Willkür des Kosmos, den Launen des Zufalls ausgeliefert.

☆ Dennoch markiert die Existenz des Menschen eine bemerkenswerte und nie zuvor dagewesene Phase in der kosmischen Evolution. Bizarre Himmelskörper, komplexe molekulare Verbindungen und überraschende Naturerscheinungen hat es immer schon gegeben; Strukturen und Phänomene, die aus den Bausteinen des Mikrokosmos bestehen und möglicherweise aus dem Zusammenhang im Makrokosmos entstanden sind, gab es zu jeder Zeit. Doch nie zuvor war das Weltall in der Lage, sich selbst zu beobachten, über seinen Ursprung, seinen Sinn und seine Zukunft nachzudenken und die eigene Existenz in Frage zu stellen.

☆ Mit dem menschlichen Hirn – soweit bekannt das bei weitem komplexeste Objekt im Universum – haben Bewusstsein, Selbstreflexion und Staunen ihren ersten Auftritt auf der Bühne des Kosmos. Es scheint, als habe das Weltall sich selbst Augen gegeben und sich einen Spiegel vorgehalten. Intelligenz und Selbstbewusstsein mögen dann Zufallsprodukte einer unberechen-

Sternenstaub erwacht zu Leben:
Der Mensch ist unabdingbarer Teil de
kosmischen Evolution.

baren darwinistischen Evolution sein, sie tragen jedoch ein beachtliches und wesentlich neues Element zur bereits schon erstaunlichen Komplexität der Natur bei.

☆ Da wir selbst das Objekt dieser Entwicklung sind, die lebenden Zeugen der sich selbst beobachtenden Kraft des Weltalls, befinden wir uns als Menschen vielleicht nicht in der erforderlichen neutralen Position, um beurteilen zu können, wie seltsam und unwahrscheinlich diese jüngste Phase in der kosmischen Evolution ist. Gleichzeitig gibt es natürlich niemanden, der

Stonehenge wurde im Neolithikum errichtet, um den Lauf der Himmelskörper zu dokumentieren.

sich fragen würde, wie das Weltall aussehen möge, wenn die grundlegenden Naturkonstanten nur etwas andere Werte hätten, wenn sich die vier Grundkräfte im Kosmos in Bezug auf Stärke und Reichweite etwas unterschieden oder wenn die Grundzusammensetzung des Weltalls anders gewesen wäre.

☆ Ist das Weltall maßgeschneidert für den Menschen? Sind die Kräfte und Konstanten der Natur im Augenblick der Schöpfung so beschaffen oder gewählt gewesen, dass die kosmische Evolution automatisch Hierarchie, Komplexität und Intelligenz ergibt? Auf diese Fragen kennt niemand eine Antwort. Rätsel, die vielleicht niemals ergründet werden, Mysterien, die offenbar eher im Bereich der Metaphysik und Religion liegen als auf dem Gebiet der exakten Wissenschaft.

☆ Dass diese unbeantworteten Fragen der Astronomie oft eine übernatürliche Komponente aufzuweisen scheinen, ist nicht neu. Seit Menschengedenken werden Erscheinungen am Sternenhimmel mit der himmlischen Welt von Gottheiten und Geistern in Verbindung gebracht. Der Höhlenmensch gibt der Sonne göttliche Kräfte, da sie Hüterin des Lebens auf der Erde ist. Griechen und Römer setzen die Wandelsterne am Himmel – Merkur, Venus, Mars, Jupiter und Saturn – mit den Göttern gleich, die die irdischen Ereignisse lenken, und glauben, aus dem Lauf der Planeten die Zukunft voraussagen zu können.

☆ Genaue Messungen und fortschrittliche mathematische Techniken arabischer Himmelsforscher führen jedoch zu neuen Einsichten, die Fragezeichen setzen bezüglich der vermuteten zentralen Position des Menschen und der Erde in Zeit und Raum. Der polnische Kanonikus

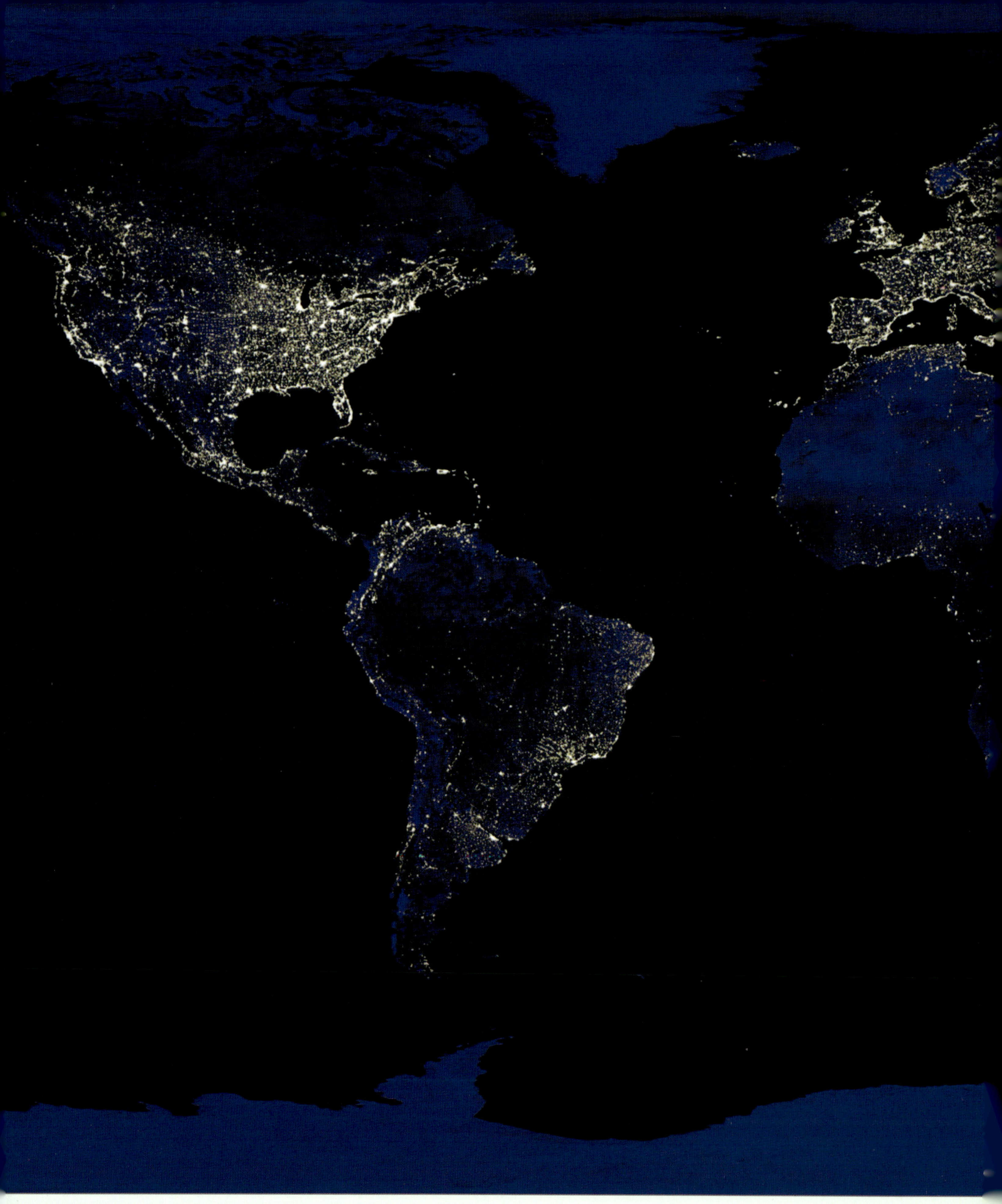

Kunstlicht markiert die Regionen, in denen der *Homo sapiens* das Gesicht der Erde verändert hat.

Durch die Erforschung des Universums kommt der Mensch seinem eigenen Ursprung auf die Spur.

Nikolaus Kopernikus löst einen religiösen Streit aus, als er die Erde – Lebensraum des Menschen – gleichsetzt mit den anderen Planeten, die eine göttliche Vollkommenheit besitzen sollen. Galileo Galilei, Johannes Kepler und Isaac Newton vollenden die konzeptionelle Umwälzung und beschreiben die elementaren Naturgesetze.

☆ Die Erfindung des Teleskops markiert den Beginn einer neuen, technischen Revolution. Christiaan Huygens entdeckt Polkappen und Flecken auf dem Mars; William Herschel findet einen neuen Planeten; Friedrich Bessel bestimmt als erster die Entfernung eines Sterns. Astronomen ermitteln die Positionen von Doppelsternen und Nebeln, die Struktur des Milchstraßensystems und entdecken die Ausdehnung des Weltalls. Die Raumfahrt ermöglicht es, Instrumente außerhalb der irdischen Atmosphäre einzusetzen und tatsächlich die Planeten und Monde des Sonnensystems zu besuchen. Satelliten und Parabolantennen entschlüsseln das gesamte elektromagnetische Spektrum, von der langwelligen Radiostrahlung bis hin zu hochenergetischen Röntgen- und Gammastrahlen. Empfindliche elektronische Detektoren und schnelle digitale Computer bieten den Wissenschaftlern neue und ungeahnte Möglichkeiten.

☆ Zehn Milliarden Jahre hat der Kosmos gebraucht, um Quarks und Elektronen in einem siedenden Meer von Strahlung auf einem kleinen Planeten in einem entlegenen Winkel eines

Losgelöst von der Erde. Niemand weiß, was die Zukunft für den Menschen bereithält.

kalten und dunklen Weltalls zu einem DNS-Strang zusammenzufügen. Fast vier Milliarden Jahre dauert es, bis sich das Leben auf der Erde von einem einzelligen Organismus zu einem zweibeinigen Jäger entwickelt, der seinen Faustkeil vielleicht gerade niederlegt, um die Farbenpracht eines Sonnenuntergangs zu bewundern. Eine Million Jahre später enträtselt der Mensch das Licht ferner Sterne und nach nochmals 100 Jahren entschlüsselt er die Geschichte des Weltalls. So gelangen wir zu dem Hier und Heute auf der Erde zu Beginn des 21. Jahrhunderts, im Zentrum unseres eigenen kosmischen Wahrnehmungshorizonts und dem Berührungspunkt von Vergangenheit und Zukunft.

☆ Doch die Evolution des Universums ist nicht abgeschlossen. Die Geschichte des Weltalls hat gerade erst begonnen; der Kosmos hat die Zukunft noch vor sich. Lassen wir die Einzelheiten einmal außer Acht und beschränken uns nicht auf kurzfristige Ereignisse in einem winzigen Winkel des Weltalls, sondern erweitern wir unser Blickfeld wieder auf astronomische Proportionen, dann können wir das Hier und Heute hinter uns lassen und einen Blick in die Glaskugel der Zukunft wagen. Die Zukunft des Weltalls beginnt in diesem Augenblick.

9

Zukunft

Wie eine verwelkende Blüte ihre Pracht, so verliert die Sonne schließlich ihren Glanz. Während die Erde versteinert, leuchten anderswo im Weltall neue Sterne auf, die noch ein Leben von Milliarden Jahren vor sich haben.

Noch vor wenigen Jahrhunderten konnte der Mensch nur 6000 Jahre in die Vergangenheit zurückblicken. Der Kosmos war klein und übersichtlich, die Erde bildete das unverrückbare Zentrum des Weltalls, und wer etwas über Schöpfung und Geschichte wissen wollte, der zog die Bibel zu Rate. Doch dank der Arbeit von Geologen wie Charles Lyell, Biologen wie Charles Darwin und Kosmologen wie Edwin Hubble wissen wir heute, dass der Mensch Teil einer Milliarden Jahre dauernden Evolution ist, die weiter zurückreicht als bis zu Adam und Eva und die die Grenzen unseres Heimatplaneten verlässt. Und wer ein Auge für die lange Vergangenheit des Kosmos hat, muss seinen Blick auch in die ferne Zukunft richten können.

Dass der *Homo sapiens* eine wichtige Rolle in der Zukunft des Weltalls spielen wird, ist zu bezweifeln. Wir sind relative Neulinge auf der Bühne des Lebens und unser Umgang mit biologischer Diversität, atmosphärischer Umwelt und natürlichen Rohstoffen gibt wenig Hoffnung auf eine langfristige Existenz. Auch ohne den fahrlässigen Umgang mit unserem eigenen Lebensraum müssen wir feststellen, dass es im Laufe der Evolution des Lebens auf der Erde nahezu keine komplexen Lebensformen gab, die länger als einige Dutzend Millionen Jahre durchgehalten haben.

Nach Auffassung einiger naiver Optimisten geben Wissenschaft und Technologie die endgültige Antwort auf Übervölkerung, Hunger und ökologischen Raubbau. Ist die Erde zu klein und zu unbewohnbar geworden, weichen wir auf den Mond aus, ziehen wir um auf den Mars oder reisen wir zu Planeten bei anderen Sternen. Die Raumfahrt bietet uns die Möglichkeit, das Milchstraßensystem zu kolonisieren, und mit Hilfe der *Terraformung* schaffen wir auf einem anderen Planeten ein Klima nach unserem Wunsch. Allerdings müssen wir die Erde verlassen, denn in wenigen Milliarden Jahren wird die Sonne aufhören zu scheinen.

Die Naivität zeigt sich in der Ignoranz der Tatsache, dass das heutige Bevölkerungswachstum nur dann mit der Raumfahrt in Schach zu halten ist, wenn jede Stunde 4000 Menschen in den Raum „verschifft" werden. Zudem ist mit einem, zwei, zehn oder 100 Planeten nichts auszurichten gegen die mathematischen Gesetzmäßigkeiten eines Exponentialwachstums, und es ist völlig grotesk anzunehmen, dass der Mensch noch das Lebensende der Sonne erleben wird. Niemand kann den Verlauf der biologischen Evolution voraussehen, doch eines ist sicher: Nichts bleibt so, wie es ist, und die Natur bietet keine Handhabe gegen die Selbstgefälligkeit des Menschen.

ne bleiche, schwache
nne scheint in fünf
illiarden Jahren auf
ne kahle, leblose Erde.

Vulkanismus, Erdbeben, Plattentektonik und Winderosion halten die Erde geologisch in Bewegung. Keine Bergkette und kein Ozean besteht ewig.

✦ Wie das Leben auf der Erde in 100, 10 000 oder einer Million Jahren aussieht, ist beim besten Willen nicht vorauszusagen. Vielleicht sind sogar Science-Fiction-Szenarios mit Riesen-insekten, hyperintelligenten Superwesen oder willenlosen Robotern noch zu konservativ. Auf der anderen Seite müssen wir uns vergegenwärtigen, dass die Molekularbiologie und Gentechnologie zum ersten Mal in der Geschichte des Lebens auf der Erde die Möglichkeit eröffnen, aktiv in das Erbgut einzugreifen. Es ist nicht ausgeschlossen, dass die Evolution bald bis zu einem gewissen Maß beeinflusst und gesteuert werden kann.

✦ Dennoch können wir uns der Schlussfolgerung nicht entziehen, dass sich die Zukunft des Weltalls weitgehend ohne den Menschen abspielen wird, ebenso wie die Geschichte des Weltalls ohne den Menschen stattgefunden hat. Für die Ausdehnung des Kosmos, den Entwicklungsgang der Sterne und die Auswirkung der Schwerkraft ist es irrelevant, wer und was auf einem Staubkörnchen in einer Umlaufbahn um einen leuchtenden Nadelstich lebt. Die Evolution des Universums hat mit dem Erscheinen des Menschen nicht plötzlich einen anderen Verlauf genommen, und der Kosmos wird dem verschwundenen *Homo sapiens* keine Träne nachweinen. Das Weltall kann sehr gut ohne uns auskommen.

✦ Die Erde natürlich auch. Unser Heimatplanet bleibt in Bewegung, angetrieben durch die Wärme in seinem Innern und träge Strömungen im halb geschmolzenen Mantel. Entlang dem mittelatlantischen Rücken presst sich Magma durch die Spalten in der Erdkruste nach oben. Der Boden des Ozeans erlebt ein unaufhaltsames Facelifting. Afrika und Amerika treiben mit einer Geschwindigkeit von einigen Zentimetern im Jahr immer weiter auseinander. Der indische

Subkontinent bohrt sich noch weiter in die Südflanke Asiens; die Erdkruste wirft Falten und die Gipfel des Himalaja ragen noch höher in den Himmel. Die Antarktis und Australien verfolgen ihren eigenen Kurs im trägen Kontinentaltanz, unterwegs zu neuen Begegnungen mit anderen Platten und Schollen.

✦ Der Ring des Feuers – der Gürtel aktiver Vulkane, der den Stillen Ozean umschließt – speit und spuckt. Der heiße Punkt unter Hawaii schafft einen neuen Kegel, einen neuen Schildvulkan, vielleicht noch größer und höher als der Mauna Kea. Im Archipel der Aleuten oder der Philippinen verschwindet eine Insel bei einer Superexplosion eines Vulkans, der Jahrhunderte lang geschwiegen hat. Südlich von Island steigen neue vulkanische Inseln aus dem Ozean empor.

✦ Seitliche Bewegungen in der Erdkruste verursachen Spalten und Erdbeben. Die San-Andreas-Verwerfung spannt und entlädt sich; Kalifornien wird von Erdbeben erschüttert. Das Große Rift-Valley reißt Ostafrika weiter auf. Die Türkei und Griechenland grollen, Japan und China schaukeln hin und her, die Anden schwanken. Riesenerdbeben geschehen seltener, sind jedoch gefährlicher. Irgendwann versinkt eine Insel im Meer oder verschwindet Los Angeles im Pazifik. Kilometer hohe Tsunamis umspülen die Erde und donnern an die Küsten der Weltmeere. Niemand ist sicher vor der Gewalt der Geologie.

✦ Und die Naturgewalten kommen nicht nur aus dem Innern der Erde. Staubkörner und Kiesel verbrennen in der irdischen Atmosphäre. Metergroße Steinbrocken taumeln schmelzend und zischend nieder und lassen schwarz versengte Meteoriten auf der Erdoberfläche zurück. Größere Projektile bauen so viel Luftwiderstand auf, dass sie in mehreren Dutzend Kilometern Höhe explodieren. Weniger poröse Weltraumtrümmer bahnen sich glühend ihren Weg und schlagen Krater in die Erdkruste. Ein Wald wird dem Erdboden gleichgemacht, eine Stadt wird weggefegt. Ein Einschlag im Meer löst rundum Flutwellen aus. Und irgendwann kommt der Tag, an dem die Erde von einem verirrten Kometen oder einem abgedrifteten Planetoiden getroffen wird – an diesem Tag wird ein Teil der Welt verwüstet und die Evolution des Lebens auf der Erde nimmt eine dramatische Wendung.

✦ Bevor es so weit ist, unterzieht sich unser Heimatplanet ganz anderen Metamorphosen. Aufgrund des zunehmenden Treibhauseffektes schmelzen die Gletscher, nimmt die Packeisdecke um den Nordpol ab und verschwinden die Klippen und Eisberge der Antarktis allmählich im Ozean. Die Temperatur auf der Erde nimmt zu, der Meeresspiegel steigt, der Golfstrom nimmt eine andere Richtung. Doch vielleicht ist die Erwärmung nur vorübergehend, denn die trägen, zeitweiligen Bahnveränderungen der Erde und die langsamen Verschiebungen ihrer Drehachse werden bald eine neue Eiszeit auslösen, in dem ehernen Rhythmus, in dem dies alle hunderttausend Jahre geschieht.

✦ Warme und kalte Perioden wechseln einander ab, der Meeresspiegel sinkt und steigt, und im Zuge der ständig veränderten Lage von Meeren, Kontinenten und Bergketten ändert sich auch das Zirkulationsmuster der Atmosphäre und des Ozeans. Der Thermostat der Erde spielt ab und zu verrückt und das Klima ist selten länger als einige Tausend Jahre stabil. Ein Trend ist jedoch langfristig festzustellen: Die Durchschnittstemperatur auf der Erde nimmt allmählich zu, da die Sonne ständig heißer und heller wird. Schließlich liegt das Schicksal der Erde ja in den Händen ihres Muttersterns.

✦ Das Innere der Sonne produziert schon seit Milliarden von Jahren durch die Fusion von Wasserstoff zu Helium Energie. Bei diesen Kernreaktionen werden netto vier Wasserstoffatome in ein Heliumatom umgesetzt. Heliumatome sind zwar schwerer als Wasserstoffatome, doch die Zahl der Teilchen im Kern der Sonne nimmt allmählich ab mit der Folge, dass der Kern stetig kleiner wird. Dies führt wiederum zu einem Anstieg von Druck und Temperatur, wodurch die Außenschichten der Sonne ein wenig anschwellen und die Oberflächenhelligkeit zunimmt.

✦ Schnell geht dies nicht vor sich. Erst in einer Milliarde Jahren wird die Helligkeit der Sonne um 10 % zugenommen haben. Doch das reicht bei weitem für eine unabwendbare Klimakatastrophe auf der Erde aus. Die Durchschnittstemperatur auf der Planetenoberfläche steigt auf 50 °C, die Polkappen schmelzen endgültig ab, und die Ozeane beginnen zu verdampfen. Der

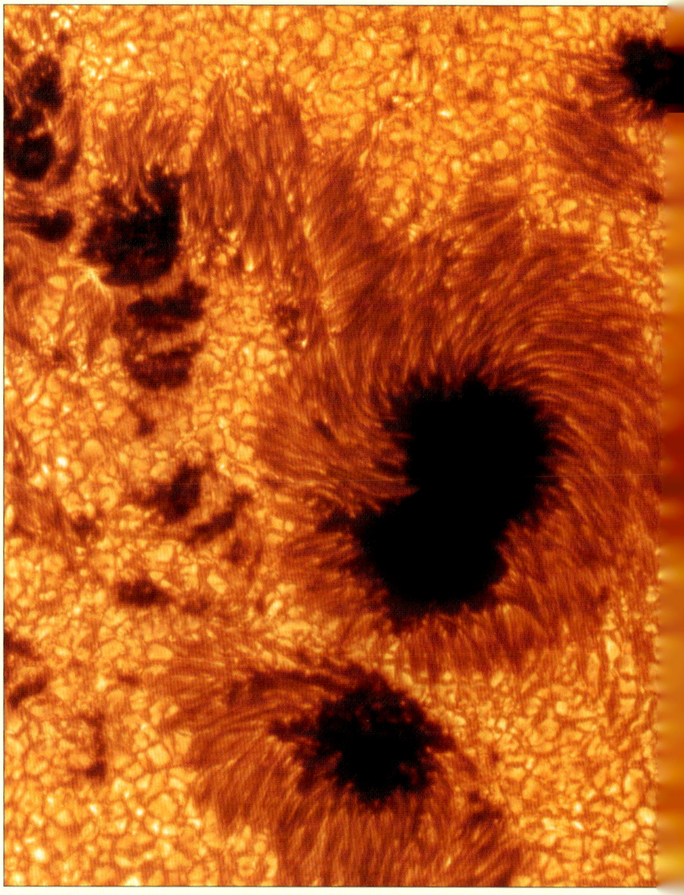

Dunkle Flecken auf der Oberfläche der Sonne entstehen durch den Einfluss starker Magnetfelder.

Ausbrüche auf der Sonne (links) bedrohen das Leben auf der Erde nicht, doch wenn die Sonne in Milliarden von Jahren zu einem Roten Riesen wird (rechts), schmilzt und verkohlt unser Heimatplanet.

Wasserdampfgehalt in der Atmosphäre nimmt überhand, wodurch der Treibhauseffekt auf der Erde ein unerhörtes Ausmaß erreicht und die Temperatur weiter ansteigt. Während Merkur geröstet und die Hölle der Venus noch weiter geschürt wird, entwickelt sich die Erde zu einer planetarischen Sauna.

✦ Das Treibhausdrama vollzieht sich so langsam, dass das Leben auf der Erde sich lange Zeit anzupassen vermag; der Mechanismus der darwinistischen Evolution behält unvermindert seine Wirkung. Doch im Laufe von Milliarden Jahren wird der Spielraum für Leben ständig geringer. Der sich reduplizierende Treibhauseffekt führt dazu, dass alles Wasser auf dem Planeten verdampft. Wassermoleküle in der Atmosphäre werden unter dem Einfluss ultravioletter Sonneneinstrahlung gespalten in lose Wasserstoff- und Sauerstoffatome. Die leichten Wasserstoffatome entschwinden in den Raum, Sauerstoff verbindet sich mit Oberflächengestein. Das gesamte Wasser, das unseren Planeten für Milliarden Jahre zu solch einer einzigartigen und besonderen Welt machte, verschwindet buchstäblich wie Schnee in der Sonne. Während die Oberflächentemperatur unvermindert ansteigt, kocht die Erde trocken.

✦ Im Innern der Sonne nehmen Druck und Temperatur schließlich dermaßen zu, dass auch die Heliumatome beginnen, spontan zu noch schwereren Atomkernen aus Kohlenstoff zusammen zu schmelzen. Die Kohlenstoffatome fusionieren wiederum zu Sauerstoff. Die Sonne hat jetzt einen schichtartigen Aufbau: einen Kern aus Sauerstoffatomen, umgeben von einer Schale, in der sich die Kohlenstofffusion abspielt, eingebettet in einen größeren Mantel mit Heliumverbrennung, umgeben von einem noch größeren Mantel aus zusammenschmelzenden Wasserstoffatomen. Das nukleare Sonnen-Inferno produziert unermessliche Energiemengen, die sich durch das heiße Innere einen Weg nach außen bahnen. Der Gasmantel der Sonne wird weiter erhitzt, schwillt an und schiebt die glühende Sonnenoberfläche nach oben – gegen die Schwerkraft.

✦ Die Größe der Sonne nimmt wahnwitzige Ausmaße an. Die Außenschichten werden immer flüchtiger. Und obwohl die Sonne mehr Energie produziert als je zuvor, wird all diese Energie über eine viel größere Oberfläche verteilt, sodass die Außentemperatur auf höchstens 3000 °C absinkt. Milliarden von Jahren strahlte die Sonne blendendes weißgelbes Licht aus, doch nun

färbt sie sich rot, als schäme sie sich ihrer Größe. Eine helle, doch kühle rote Kugel prangt nun im Zentrum des Sonnensystems – erst 15-, dann 50- und dann 150-mal so groß wie zuvor.

✦ Wie eine flimmernde Explosionswolke in Zeitlupe frisst sich der Feuerball der Sonne weiter. Der kleine Planet Merkur, der zuvor schon verbrannt und verkohlt ist, wird von den gierigen Flammen der Sonnenoberfläche verschlungen. Gestein wird verflüssigt, Metall schmilzt, der Planet verdampft. Wenig später ist auch der viel größere Planet Venus an der Reihe. Wie eine glühende Kugel aus kochender Lava verschwindet der Schwesterplanet der Erde im Brennofen der Sonne. Die Oberfläche der Erde selbst ist inzwischen zu einem brodelnden Ozean geschmolzenen Gesteins geworden. Eine Atmosphäre gibt es nicht mehr, der Planet dampft, und von Leben ist schon lange keine Spur mehr.

✦ Doch während die Erde von ihrem Mutterstern verschlungen wird, geschieht anderswo im Sonnensystem ein Wunder. Die Polkappen des kleinen, kalten Planeten Mars schmelzen; die dicke Permafrostschicht im Boden wird flüssig. Wasserdampf in der Marsatmosphäre verursacht einen Treibhauseffekt. Die Oberflächentemperatur steigt. Die Atmosphäre ändert ihre Zusammensetzung und Dichte; tropisches Klima entwickelt sich. Nach Milliarden Jahren Eiseskälte fließt endlich wieder Wasser auf dem Mars, und der rote Planet wird zu einem warmen, feuchten Paradies.

✦ Weiter draußen erwacht Titan, der Riese unter den Planetenmonden. Auf seiner Bahn um den beringten Planeten Saturn war Titan immer eine kalte Welt mit Meeren und Seen aus flüssigem Methangas. Doch Titan ist größer als Merkur und besitzt genügend Schwerkraft, um eine dicke Atmosphäre an sich zu binden. Eine Atmosphäre, die zumeist aus Stickstoff besteht, mit kleinen Mengen von Argon, Methan und Kohlendioxid – genau die Zusammensetzung der irdischen Atmosphäre in der Anfangsphase des Sonnensystems.

✦ Organische Verbindungen, wie Ethan und Blausäure, gibt es reichlich in der Atmosphäre von Titan: dicke, dunkle Smogschichten, die unter dem Einfluss ultravioletten Sonnenlichts entstanden sind. Wasser und Eis sind auch vorhanden, und wenn die Sonne sich zu einem Roten Riesen aufbläht, wandelt sich Titan in eine fruchtbare Welt, in der alle Zutaten für die Bildung von Mikroorganismen vorhanden sind. Nach der Sterilisation der Erde erhält das Leben im Sonnensystem vielleicht eine zweite Chance im Hinterhaus von Saturn.

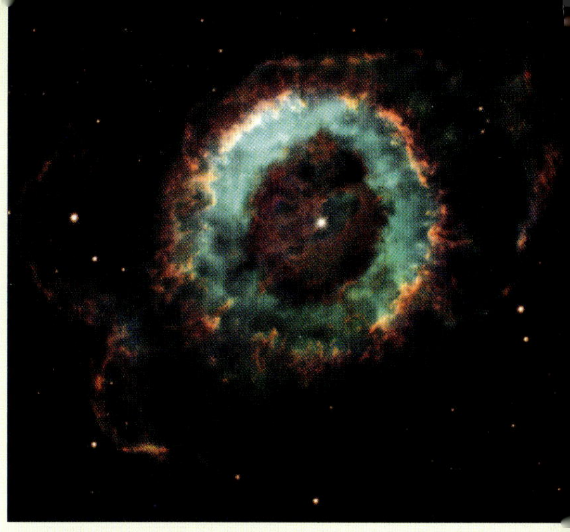

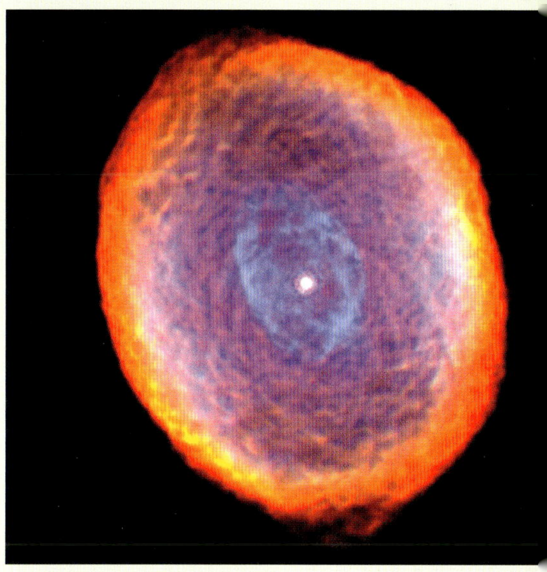

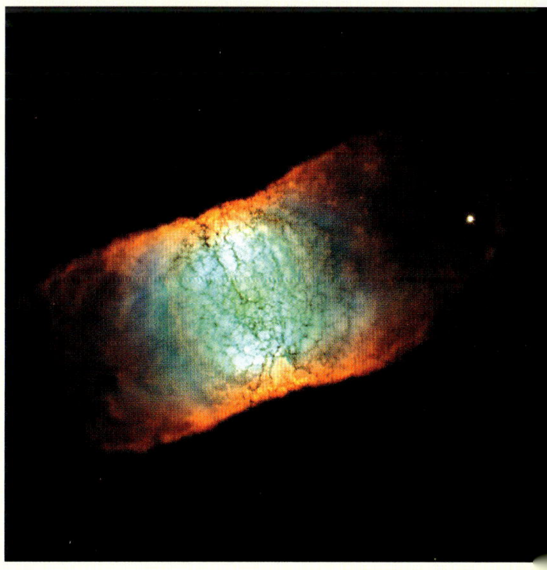

Sterne wie die Sonne schütteln an ihrem Lebensende ihre äußeren Gasschichten ab und hüllen sich in ein schillerndes Totenhemd, das langsam verweht und verfliegt.

Wenn in ferner Zukunft die Erde versengt wird, erhält das Leben vielleicht auf dem Saturnmond Titan eine zweite Chance.

✦ Im Zuge der Metamorphose der Sonne ändert sich das Sonnensystem endgültig. Merkur und Venus verschwinden im brodelnden Feuermeer. Erde und Mond entrinnen dem Tanz, doch die intensive Hitze des angeschwollenen Riesensterns transformiert diese beiden Himmelskörper in verkohlte Schlackehaufen. Mars schwitzt und dampft; die dicken Atmosphären von Jupiter und Saturn dehnen sich aus, da die Temperatur steigt. Die Eiskruste von Europa wird dünner. Titan blüht auf. Sogar in den kalten Außenbezirken des Sonnensystems beginnen eisige Kometen zu dampfen. Die Sonne scheint fiebrig, ihre Umgebung ist schweißnass. Hier liegt ein Stern im Todeskampf.

✦ Das Innere der sterbenden Sonne sucht vergeblich ein neues Gleichgewicht zwischen Schwerkraft und Gasdruck. Die Fusionsreaktionen in ihrem Innern wechseln schnell; die flüchtigen

Außenschichten expandieren erst und kollabieren dann wieder. Ausdehnung und Kollaps, Erhitzung und Abkühlung folgen in raschem Wechsel aufeinander. Die Sonne zittert und bebt; die gigantische Gaskugel pulsiert wie ein träge klopfendes Herz und die geringe Schwerkraft auf der Oberfläche kann nicht verhindern, dass mit jedem Herzschlag Gas in den Raum entweicht.

Es gibt kein Halten mehr: Die Sonne entleert sich, wird leichter. Die flüchtigen Außenschichten werden in den Raum geblasen. Der Sonnenwind, einst eine leichte Brise aus Elektronen und Atomkernen, der locker durch das Sonnensystem strich, wird zu einem tosenden Südwestwind – einem wahren Sturm aus Atomen und Molekülen mit genügend Kraft, um Kometen und Planetoiden zu erodieren und spektakuläre Nordlichtschauspiele in den Atmosphären der Planeten zu entfachen. Viele Milliarden Tonnen Sonnengas verschwinden jede Sekunde im Weltall; der Rote Riese Sonne ist ein Ballon, der porös zu werden scheint und sich langsam entleert.

Der Rote Riese Sonne: ein Ballon, der scheinbar porös wird und sich langsam entleert

Dieser erhebliche Masseverlust, diese rigorose Abspeckoperation, übt auch einen Einfluss auf die Dynamik im Planetensystem aus. Die Planeten werden durch die Schwerkraft der Sonne in ihrer Bahn gehalten, und in dem Abstand, in dem sie sich befinden, wird ihre Bahngeschwindigkeit von der Masse des zentralen Muttersterns bestimmt. Doch da die Sonne ständig leichter wird, schrauben sich alle Planeten langsam nach außen. Die Entleerung der Sonne hat eine Expansion des Planetensystems zur Folge. Dieser Abwanderung nach außen hat die Erde ihren Fortbestand zu verdanken: Wäre die Erdbahn nicht weiter und größer geworden, dann hätte den Planeten dasselbe Schicksal ereilt wie Merkur und Venus.

Der Todeskampf der Sonne ist gleichzusetzen mit dem Untergang eines Planetensystems, wie wir es kennen. Doch was auf der unbedeutenden Ebene der Planeten, Monde und Kometen einer Apokalypse gleichkommt, ist für distanzierte Zuschauer eine prächtige und farbenfrohe Vorstellung. Die Sonne schmückt sich mit einem Strahlenkranz aus weggeblasenem Gas wie eine Seerose, die noch ein einziges Mal blüht, bevor sie stirbt. 10 000 Jahre ohne Unterbrechung wird diese himmlische Blüte genährt, sie überlebt infolge des Masseverlustes der Sonne, um letztendlich in den interstellaren Raum zu entschwinden, wie Blütenstaub im Dunkel.

Wer weiter um sich schaut, in Raum und in Zeit, erkennt in dem Milchstraßensystem einen riesigen Blumengarten, wo jeden Augenblick Tausende von sterbenden Sternen gleichzeitig in voller Blüte stehen. Während schwere Sterne in einer katastrophalen Explosion enden und dabei schnell expandierende Supernovareste produzieren, hauchen leichtere Sonnen ihren letzten Atemzug bedächtig aus und hüllen sich Zehntausende von Jahren in eine majestätische Wolke.

Solche „Planetarische Nebel“ – durch ein kleines Teleskop sehen sie aus wie schwach beleuchtete Planetenscheiben – treten in den unterschiedlichsten Formen auf. Manche sind vollständig symmetrisch und kugelrund; andere sind länglich wie eine Sanduhr, asymmetrisch oder amorph. Ringe, Hanteln, Räder, Rosetten – im kosmischen Raritätenkabinett sind sie alle vorhanden.

In der direkten Umgebung des Sterns erhält dieser Nebel seine Form. Ein begleitender Zwergstern, eine äquatoriale Staubscheibe oder ein Planetensystem behindert das Ausströmen von

Sternengas an der Äquatorfläche, wodurch der Planetarische Nebel eine eingeschnürte Wespentaille erhält. Starke Magnetfelder besorgen den Rest: Elektronen und ionisierte Atome sind elektrisch geladen und folgen willenlos den peitschenden Feldlinien des stellaren Dynamos, wie Eisenspäne um einen Stabmagneten. Hat der Stern etwa die Hälfte seiner Masse in den Raum geblasen, seinen Mantel abgelegt und sich in ein transparentes Totenhemd gehüllt, nimmt die Aktivität in seinem Innern ab. Die Fusionsreaktionen versiegen endgültig und der Stern schrumpft unter seinem Eigengewicht zu einem kleinen, kompakten Ball degenerierter Materie – übereinander gepackte Atomkerne und Elektronen, angeordnet in einem gigantischen Kristallgitter von der Größe der Erde, doch mit einer Dichte, die 100 000-mal so groß ist.

✦ Das zusammengepresste Sternengas ist heißer als je zuvor. Die Oberfläche des kleinen Zwerges hat eine Temperatur von mehreren 10 000 Grad und strahlt ein flimmerndes blauweißes Licht aus. Wirklich hell ist der Stern nicht – er ist ja geschrumpft und weist nur noch eine kleine leuchtende Oberfläche auf –, doch die Photonen, die von dem heißen Gas produziert werden, besitzen eine extrem hohe Energie. Klein und schwach, jedoch superheiß und weiß glühend – der Stern beendet sein Leben als Weißer Zwerg.

✦ Erst geraume Zeit nach der Bildung Planetarischer Nebel ist der zurückbleibende Stern kompakt und heiß genug, um große Mengen ultravioletter Strahlung zu produzieren. Diese energiereichen Photonen bringen den Nebel zum Glühen, ebenso wie eine Planetenatmosphäre unter dem Einfluss eindringender elektrisch geladener Teilchen Polarlichter erzeugt. Und da jede Atomart und jedes Molekül infolge dieser Ionisation eine eigene charakteristische Strahlung erzeugt, leuchten diese Planetarischen Nebel in äußerst eindrucksvollen Farben.

Nach hunderttausend Jahren ist die Lightshow vorüber

✦ Der Farbenreichtum verrät, dass die sich ausdehnenden Nebel schon lange nicht mehr aus reiner Urmaterie bestehen. Außer dem allgegenwärtigen Wasserstoff und dem ebenso unvermeidlichen Helium enthält ein Planetarischer Nebel riesige Mengen von Kohlenstoff und Sauerstoff, doch auch Silizium, Stickstoff und Spuren kleinerer schwererer Elemente. Und während der Todeskampf des Sterns noch andauert, werden im weggeblasenen Nebelmaterial bereits neue Moleküle gebildet, die schließlich das Baumaterial für eine neue, spätere Generation von Sternen und Planeten sind: Wasser, Kohlendioxid, Methan, Siliziumoxid, Ammoniak – einige gasförmig, andere in mikroskopisch kleinen Eiskristallen –, jedoch auch Rauch und Rußteilchen, Staubkörnchen und sogar komplexe Mineralkristalle.

✦ Nach 100 000 Jahren ist die Lightshow vorüber. Die Nebel sind verweht, erloschen und abgekühlt; der ausgedehnte kosmische Ozean bestimmt die Drehachse von kaltem Sternengas und dunklem Staub. Doch der kleine Weiße Zwerg strahlt unvermindert weiter.

✦ Einige Weiße Zwerge haben sogar eine spektakuläre Karriere als Supernova zu erwarten. Sie sind Teil eines Doppelsternsystems und nach Durchlaufen der Phase des Roten Riesen und der Entstehung des Planetarischen Nebels werden sie noch immer von ihrem sich weniger schnell entwickelnden Partner begleitet, der in bestimmten Fällen eine viel kleinere Umlauf-

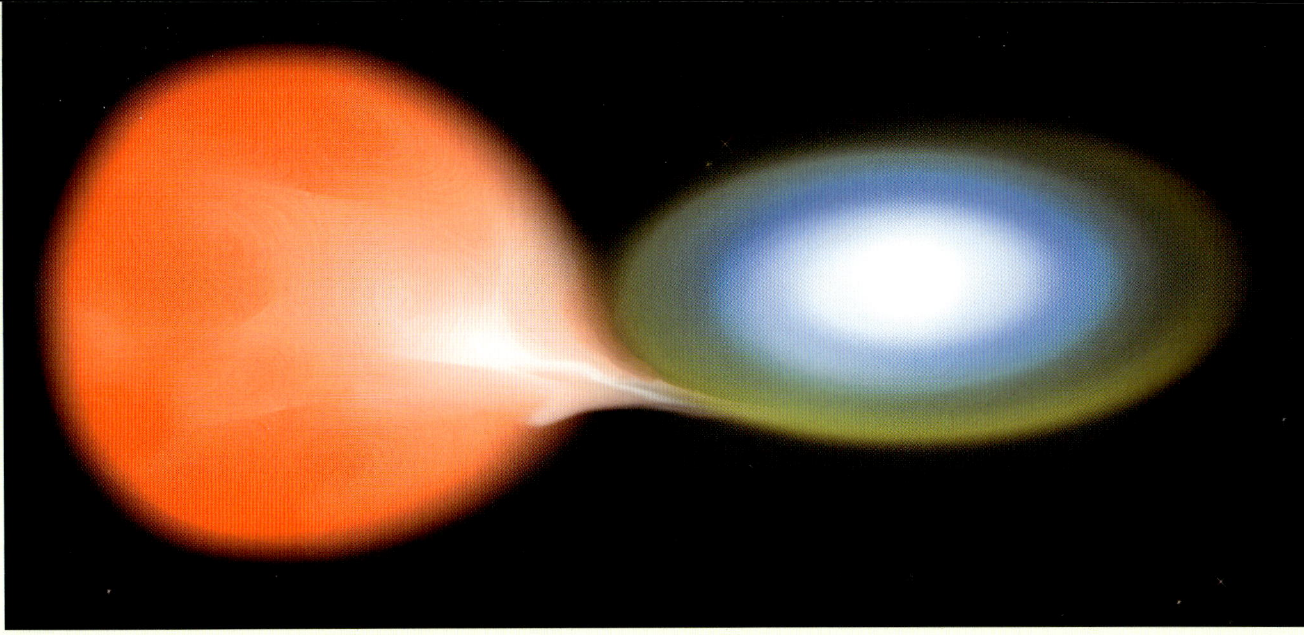

Ein Weißer Zwerg in einem Doppelsternsystem saugt von seinem Begleiter Materie auf. Wenn er schwer genug ist, explodiert er als Supernova.

bahn besitzt als zuvor. Dieser Begleiter beginnt später anzuschwellen, wobei er einen großen Teil seiner Außenschichten auf dem Weißen Zwerg ablädt. Dort baut sich unter dem Einfluss des starken Schwerkraftfeldes ein derart großer Druck auf, dass ständig explosive Fusionsreaktionen ausgelöst werden. Durch diesen Massetransfer nimmt der Weiße Zwerg jedoch an Gewicht zu, und wenn er etwa eineinhalbmal so schwer ist wie die Sonne, sind die Elektronen im degenerierten Sternengas nicht mehr in der Lage, dem kolossalen Druck der Außenschichten des Sterns standzuhalten. Elektronen und Atomkerne werden zusammengepresst, der Kern des Sterns kollabiert zu einem kleinen, bleischweren Neutronenstern, und der Weiße Zwerg zerplatzt wie eine Seifenblase.

✦ Zahlreiche Weiße Zwerge bleiben jedoch ihr Leben lang allein, wie der unansehnliche weiß glühende Stern, der in einem früheren Leben der strahlende Mittelpunkt des Sonnensystems war. Eine Milliarde Jahre lang wandert er auf seinem trägen Kurs durch das Milchstraßensystem, wird bei jedem Umlauf kühler, immer schwächer. Und die Planeten wandern in weiten Kreisbahnen mit: kalte, dunkle Gasriesen, schwach beleuchtet von dem unscheinbaren Zwergstern, ein kleiner roter Planet, der erneut gefroren ist, und eine verkohlte schwarze Schlacke, die vor langer Zeit versengt und vom Inferno eines Roten Riesen verschlungen wurde – die Erde, einstmals die Heimat des Menschen.

✦ Schließlich verliert die Sonne ihren Glanz. Der Weiße Zwerg kühlt so sehr ab, dass er zunächst gelbweißes Licht ausstrahlt, danach schwach orange leuchtet und sich schließlich mattrot verfärbt. Übrig bleibt ein dunkler, massiver Ball bewegungsloser Atome – ein Schwarzer Zwerg, die sterbliche Hülle der Sonne. Das Leben von Sonne und Erde ist endgültig beendet. Doch anderswo im Milchstraßensystem erstrahlen unzählige neue, junge Sterne – Sterne, die begleitet werden von kohlenstoffreichen Kometen und neugeborenen Planeten, Sterne, die vielleicht irgendwann einmal ihr Licht auf Mikroorganismen werfen, Sterne, die noch ein Leben von Milliarden Jahren vor sich haben.

✦ Die Uhr zeigt 20 Milliarden Jahre nach dem Urknall. Das Weltall ist noch jung.

10

Vollendung

Das Uhrwerk des Kosmos kommt in einer kalten, dunklen Leere knirschend zum Stillstand, wo der Raum maßlos ist und die Zeit gefriert. Oder gibt es im Multiversum irgendwann und irgendwo einen Neubeginn?

Alles kommt einmal zu einem Ende, auch die Evolution unseres Weltalls. Ob die Zeit jemals stehen bleibt, ist nicht bekannt, doch welche Bedeutung hat Zeit, wenn die Natur selbst in Schlaf fällt? Was ist ein Augenblick oder eine Ewigkeit, wenn es keine Ereignisse mehr gibt, die einen Fixpunkt im Strom der Zeit setzen? Irgendwann einmal wird das Weltall aufhören sich zu entwickeln, dann regiert die Beständigkeit, und die Veränderung hat ihr Soll erfüllt. Danach erstarrt der Kosmos, gefriert die Zeit und alles bleibt, wie es ist, von Ewigkeit zu Ewigkeit.

So weit ist es jedoch noch lange nicht. Auch nun, da die Erde verkohlt, die Sonne glanzlos geworden und das Milchstraßensystem in die Jahre gekommen ist, auch jetzt ist das Weltall noch jung und dynamisch. Zwanzig Milliarden Jahre nach dem Urknall befinden sich andere Galaxien noch im Entwicklungsstadium und es entstehen überall neue Sterne und Planeten. Supernovae flammen im Dunkel auf, neue Elemente werden im Kosmos verstreut und an zahlreichen Punkten springt erneut der Funke des Lebens über. Die Entwicklung, die bei der Geburt des Universums in Gang kam, ist noch lange nicht zum Stillstand gekommen. Im Weltall hallt noch immer die Entstehungsgewalt nach, ständig auf der Suche nach Gleichgewicht und Stabilität, und der komplexe Reichtum an Strukturen in allen denkbaren Dimensionen, von Pikometern bis hin zu Megaparsecs, ist das greifbare Ergebnis dieser Suche.

Doch irgendwann wird das Gleichgewicht gefunden sein, irgendwann kommt das Weltall zur Ruhe. Der Kosmos dehnt sich aus, die Galaxien driften auseinander. Isolierte Galaxien verbrauchen ihren Gasvorrat und die Bildung neuer Sterne kommt zum Stillstand. Ebenso wie einmal der erste Stern aufflammte, so wird einmal die letzte Supernova explodieren, das letzte Sternenlicht leuchten. Danach beginnt das lange Warten auf die vollständige Desintegration der Materie, die träge Verdampfung der Schwarzen Löcher und der ewige Tod des sich weiter ausdehnenden Kosmos.

Dies alles läuft in unvorstellbaren Zeiträumen ab, wobei das heutige Zeitalter des Weltalls sich vollständig in nichts auflöst, als versuchten wir die Geschichte der Menschheit einer Eintagsfliege zu erklären oder – besser – als erklärten wir die Entstehungsgeschichte des Grand Canyon einem virtuellen Elementarteilchen mit einer Lebensdauer von einer Femtosekunde. Und ebenso wie der Mensch sich kaum ein Zehnmillionstel einer Trillionstelsekunde vorstellen kann – die nicht messbare Lebensdauer des Punktes Alpha, mit dem die naturwissenschaftliche Beschreibung des Weltalls begann – , so können wir uns praktisch keine Vorstellung von einer Zeitdauer von zehn Millionen mal einer Billion mal einer Trillion Jahre machen – das Alter, das das Weltall haben wird, wenn Atomkerne auseinander fallen und Materie verdampft.

n ferner, sehr ferner Zukunft kommt im Weltall die Bildung neuer Sterne zum Stillstand und die Galaxien werden erdampfen.

Gibt es wirklich so viel Zeit? Dauert die Zukunft des Weltalls lange genug, um Raum für diese unwahrscheinlichen Ereignisse zu haben? Kehrt sich das gegenwärtige Ausdehnen nicht schon viel eher in ein Schrumpfen um, in eine universelle Kontraktion, die schließlich zu einem alles vernichtenden Endkrach führt – einem „Big Crunch", einem umgekehrten Urknall? Nicht, wenn die Geheimsprache der Hintergrundstrahlung entziffert wurde, wenn der Code der fernen Supernovae entschlüsselt und das Geheimdossier der kosmischen Ausdehnung bekannt ist. Dann wird klar, dass selbst die Schwerkraft der gesamten Materie im All nicht ausreicht, um der heutigen Ausdehnung Einhalt zu gebieten, dass eine unbegreifliche Vakuumenergie, eine mysteriöse abstoßende Kraft im Gewebe der Raumzeit den Kosmos veranlasst, sich ständig schneller auszudehnen, wodurch der Strom der Zeit nur einen Anfang kennt, jedoch kein Ende, und die Zukunft des Weltalls unbegrenzt ist.

Verglichen mit der Ewigkeit sind 20 Milliarden Jahre weniger als ein Wimpernschlag. Das Weltall hat sich auf den Weg gemacht und ist zur Blüte gekommen, doch der kosmische Frühling dauert noch lange, und Herbst und Winter sind weit entfernt. Zahllose schwere Sterne sind schon seit langem ausgebrannt und explodiert, selbst kleine Sterne wie die Sonne sind erloschen, doch überall im Milchstraßensystem kollabieren dunkle Gas- und Staubwolken zu neuen Sternen, neuen Sonnen – Sternen der dritten, vierten und sogar fünften Generation, reich an schweren Elementen, die ihren Weg in neue Planetensysteme, neue Chemie und neues Leben finden.

Je weiter sich das Weltall ausdehnt, umso seltener sind kosmische Zusammenstöße

Ein galaktischer Frontalzusammenstoß, der sich in einem Zeitrahmen von mehreren Dutzend Millionen Jahren abspielt, löst eine gewaltige Geburtswelle von neuen Sternen aus. Die großartige Andromeda-Galaxie, der nächste Nachbar unseres Milchstraßensystems, bewegt sich schon seit Milliarden Jahren in unsere Richtung, weitet sich aus über den Sternenhimmel wie ein bedrohlicher Ölfleck und rammt das Milchstraßensystem seitlich. Die Sterne müssen plötzlich den Marschbefehlen der Schwerkraft zweier Galaxien folgen, sie werden aus ihren gleichmäßigen Umlaufbahnen gestoßen, ihre Spiralarme werden ausgerenkt und die Gezeitenschleier in die Länge gezogen.

Die gierigen Schwarzen Löcher im Zentrum der kollidierenden Systeme geraten ins Schwerkraftfeld des anderen und kreisen umeinander in einem trägen Tanz, der schließlich in einer gleißenden Verschmelzung endet. Doch unmittelbarste Folge des kosmischen Zusammenpralls ist ein wahrer Babyboom neuer Sterne, verursacht durch starke Schockwellen innerhalb der flüchtigen interstellaren Materie. Es scheint so, als fingen die galaktischen Fahrzeuge Feuer, die Geburtsrate steigt um das Tausendfache und der düstere Himmel über der inzwischen leblosen Erde schimmert und schillert wieder im strahlenden Licht zahlloser neuer Sonnen.

Das Neuerwachen ist natürlich nur von kurzer Dauer. Die schwersten Sterne entwickeln sich schnell, in Supernova-Explosionen springen sie auseinander und schüren das Feuer der Sternbildung noch für einige Zeit, doch schließlich kehrt wieder Ruhe ein. Andromeda und die Milchstraße verschmelzen zu einem riesigen Ellipsen-System mit Abermilliarden Sternen, doch fast ohne interstellares Gas. Nun heißt es warten auf ein Aufflammen und Erlöschen der leichteren Sterne mit einer Lebensdauer von zehn oder 100 Milliarden Jahren.

Je weiter sich das Weltall ausdehnt, umso seltener sind kosmische Zusammenstöße. Galaxien verschwinden aus dem gegenseitigen Blickfeld und Einflussbereich. Der Kreislauf von Geburt und Tod kommt zum Erliegen – Supernovareste und Planetarische Nebel pumpen zwar Trillionen Tonnen Gas in den Raum hinein, doch es verbleibt immer ein Teil in den sterblichen Hüllen der Sterne, die das Gas ausgestoßen haben. Der Ertrag des himmlischen Recyclings ist nie hundertprozentig, und irgendwann einmal ist der Gasvorrat erschöpft und die Bildung neuer Sterne geht zu Ende.

Zusammenstöße von Galaxien fachen auch nach vielen Milliarden Jahren das Feuer der Sternbildung an.

Wenn die Uhr 100 Milliarden Jahre anzeigt, sind die Galaxien von unansehnlichen Zwergen und kosmischen Monstern bevölkert. Die Kerne der schwersten Sterne sind in sich zusammengefallen zu kompakten Neutronensternen und Schwarzen Löchern. Leichtere Sterne wie die Sonne haben ihre Außenschicht abgeworfen und sind zu erlöschenden Weißen Zwergen verkommen, die irgendwann ihre Farbe und Leuchtkraft verlieren und so kalt werden, dass sie wie schwarze Schlacken durch den Raum schweben. Die einzigen Himmelskörper, in denen das nukleare Feuer noch brennt und brodelt, wenn auch auf sehr niedriger Flamme, sind jene zahllosen Sterne, die als Liliputaner geboren wurden: rote Zwerge, die zehnmal so leicht sind wie die Sonne und in denen die Kernfusionsreaktionen so unsagbar langsam ablaufen, dass sie auch mit ihrem geringen Brennstoffvorrat noch viele Milliarden Jahre weiterleben können.

Noch zahlreicher sind die fast unsichtbaren Braunen Zwerge – aus zusammengeballtem warmem Gas –, die kaum schwerer sind als ein Riesenplanet und nicht heiß genug, um die Fusion von Wasserstoffatomen in Gang zu setzen. Wie dunkle Schemen schweben sie unbemerkt durch die weiträumigen Galaxien, die noch schwach mit dem matten Schein der letzten Sternengeneration aufleuchten.

Doch da die Zeit immer schleppender verstreicht, da ja nun Milliarden Jahre lang das Bild des Kosmos praktisch unverändert bleibt, erhalten seltsame Ereignisse eine Chance – Erscheinungen, die derart unwahrscheinlich sind, dass sie höchstens einmal in 100 Milliarden Jahren stattfinden. Alles, was nicht unmöglich ist, wird irgendwann einmal geschehen, man muss nur Geduld haben. So geraten zwei Braune Zwerge hin und wieder aneinander, wobei sie zu schwereren roten Sternen verschmelzen. Wie neugeborene Babys in einem Altersheim werden diese neuen Sterne alle übrigen Bewohner des Milchstraßensystems weit überleben. Nur sehr selten leuchtet im dunklen Lebensabend des Kosmos noch eine einsame Supernova auf, wenn zwei

Kann die Entstehung eines Schwarzen Lochs in unserem Weltall gleichgesetzt werden mit der Geburt eines neuen Universums in einer anderen Dimension?

des Schwarzen Loches kompensiert, auch wenn es nur ein Wasserstoffatom im Jahrhundert verschluckt. Aber da sich nun das nächste Materieteilchen in einer Entfernung von Milliarden Lichtjahren befindet, sind alle Schwarzen Löcher zum Verdampfen verurteilt. Jedes einzelne Photon strahlt seinen unsichtbaren Inhalt nach außen ab, der Gewichtsverlust schreitet unaufhaltsam fort.

Der Verdampfungsprozess eines Schwarzen Lochs beschleunigt sich, je leichter das Loch wird. Ein Schwergewicht mit der Masse einer Galaxie ist erst nach unendlich vielen Ewigkeiten zu einem Schwarzen Loch mit der Masse der Sonne erodiert. Stellare Schwarze Löcher schrumpfen in Quadrillionen kosmischer Äonen zu kleinen Exemplaren, die nicht schwerer sind als ein Planet. Sie verdampfen mit einem relativen Wimpernschlag innerhalb von nur wenigen Dutzend Trillionen Jahren zu mikroskopisch kleinen Löchern, die so groß sind wie ein Elementarteilchen, doch so schwer wie der Mount Everest. Und dann dauert es nochmals zehn Milliarden Jahre, bevor solch ein Miniloch sein Innerstes nach außen stülpt und seine verbleibende Masse und Energie explosiv in den Kosmos befördert.

Wenn auch das schwerste Schwarze Loch von der Bühne des Kosmos abgetreten ist, steht die Jahresuhr des Weltalls auf Googol – die offizielle Bezeichnung einer Eins mit 100 Nullen. Zehn hoch 100 Jahre sind seit der Schöpfung verstrichen – 10 000 Quadrillionen Quadrillion Quadrillion Quadrillion Jahre –, auch wenn der Begriff Jahr schon lange keine Bedeutung mehr hat. Sternhaufen und Galaxien sind auseinander gefallen, Sonnen und Planeten haben sich aufgelöst. Materie existiert nicht mehr, und nun ist mit der Verdampfung der Schwarzen Löcher

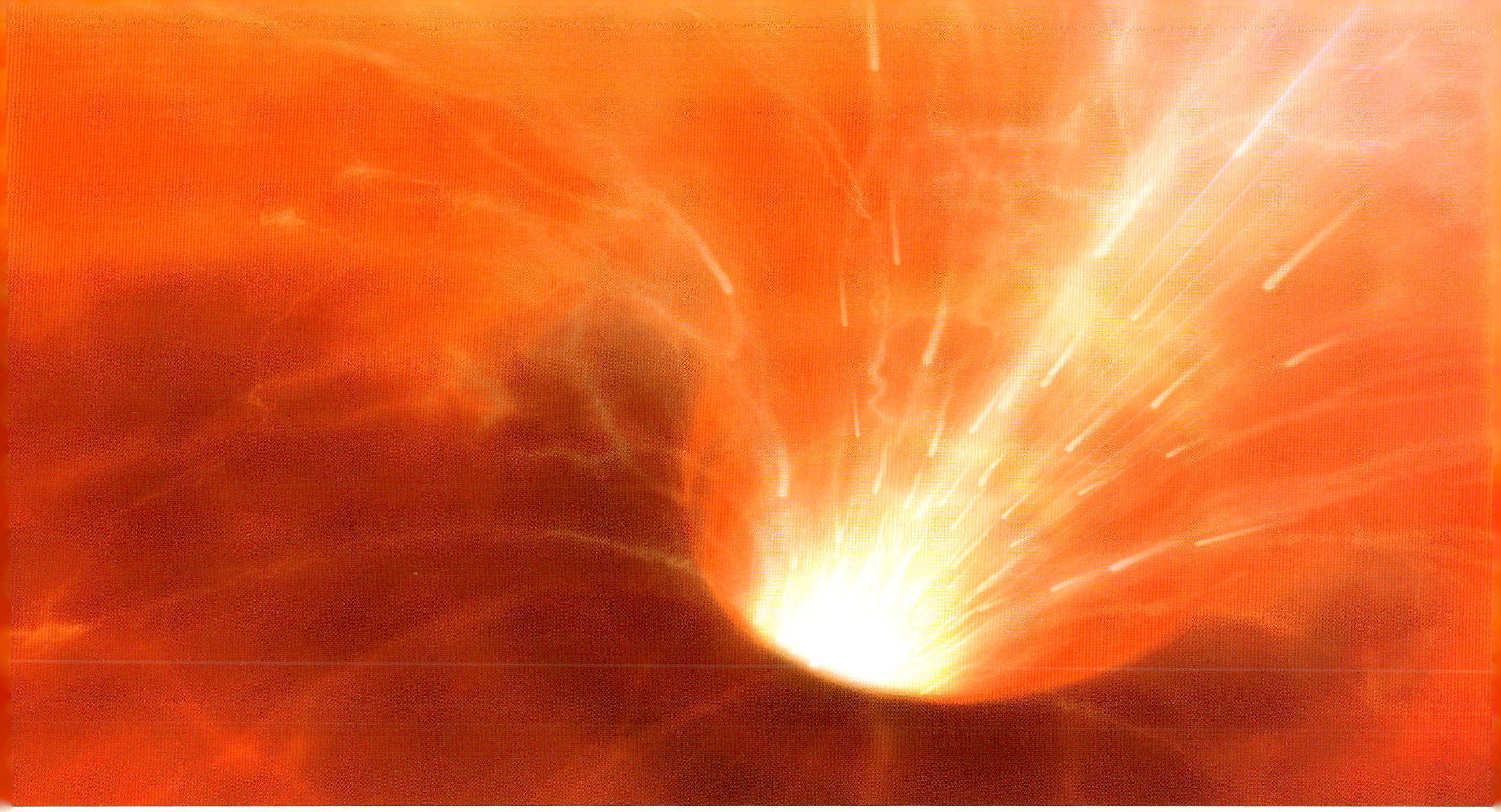

sogar das flüchtige Geflecht der Raumzeit völlig geglättet. Die Worte „Nichts", „Leere" und „Vakuum" werden dem Zustand nicht gerecht, in dem sich der Kosmos jetzt befindet.

Unendlich schleppend kriecht die Natur dem dunklen Punkt Omega entgegen, wo der Raum maßlos ist und die Zeit gefriert.

Das sich entwickelnde Weltall stirbt.

Sieht so das Schicksal der Welt aus, in der wir leben? Hat der Urknall einen lebendigen Kosmos hervorgebracht, der zu einem immerwährenden Todeskampf verdammt ist? Ist die Natur wirklich so morbide, dass Schöpfung und Schönheit zwangsläufig Verfall und Vernichtung weichen müssen?

Es scheint so absurd und so niederträchtig. Natürlich gehen auf jeder Stufe der kosmischen Hierarchie Leben und Tod Hand in Hand, doch immer gibt es eine Fortsetzung. Jedes Menschenleben geht einmal zu Ende, doch jeden Tag werden neue Kinder geboren. Die Menschheit stirbt aus, doch die Evolution des Lebens geht weiter. Sonne und Erde verschwinden, doch in anderen Planetensystemen bilden sich wieder organische Moleküle. Stets wird die Fackel übernommen und weitergereicht. Niemals ist das Ende endgültig. Doch es gibt nur *ein* Weltall, und wenn der Kosmos sich nicht weiterentwickelt, erlischt das Feuer für immer.

Oder doch nicht?

Wir wollen den Film noch einmal zurückdrehen, Trillionen und Abertrillionen Jahre zurück bis in die frühe Anfangszeit, als das Weltall noch jung und energisch war, als Galaxien kollidierten, neue Sterne in dunklen Molekülwolken aufleuchteten, Lebenskeime auf die neugeborenen Planeten herabrieselten. Stopp – hier müssen wir anhalten: bei dem schweren Riesenstern, der kurz vor einer gewaltigen Supernova-Explosion steht; bei diesen beiden Galaxien, deren Schwerkraftbereiche sich „in die Haare geraten" sind und deren Kerne verschmelzen. Dort

Galaxien, Gasnebel, Sterne, Planeten und Leben – wer weiß, vielleicht ist die Geschichte des Weltalls nur eine kurze Phase in der unendlichen Evolution des Multiversums.

entstehen mysteriöse Himmelskörper, die bald der Demontage des Universums keinen Widerstand mehr leisten: die Schwarzen Löcher, die sich den Naturgesetzen zu entziehen scheinen, die sich außerhalb des Gesichtskreises der Wissenschaft befinden.

Ist es Zufall, dass jedes neue Schwarze Loch im Kosmos – ob es nur ein kleines, stellares ist oder ein superschweres im Zentrum einer aktiven Galaxie – ein temporäres Spiegelbild des Urknalls zu sein scheint? Ebenso wie sich der erste Augenblick der Schöpfung nicht mit dem Wissen der heutigen Physik beschreiben lässt, aus dem einfachen Grund, weil die Kombination mikroskopischer Dimensionen und hyperstarker Schwerkraft eine noch nicht existierende Synthese der Quantenmechanik und Relativitätstheorie erfordert, so gibt auch das Innere eines Schwarzen Lochs seine Geheimnisse nicht preis. Und wo der Urknall gekennzeichnet ist durch die wundersame Erscheinung von Materie und Energie in einer einmaligen Sondersituation, dort ist die Entstehung eines Schwarzen Lochs nichts als ein lokales Einstürzen von Zeit und Raum zu einem alles verschlingenden Monstrum mit denselben einmaligen Eigenschaften.

Liegt dieser oberflächlichen Ähnlichkeit eine tiefere Beziehung zugrunde? Hängt die Geburt des Weltalls mit dem Entstehen Schwarzer Löcher zusammen? Kann das Entstehen solcher Einmaligkeit in unserem vertrauten Kosmos vielleicht gleichbedeutend sein mit der Schöpfung eines vollständig neuen Universums in einer anderen Dimension?

Dies scheint ein weit hergeholter Wunschtraum zu sein – Wunschdenken mit einer pseudowissenschaftlichen Argumentation. Doch die theoretische Physik rechnet allen Ernstes mit dieser Möglichkeit; einige mathematische Modelle für die Grundstruktur des Weltalls setzen sogar die Existenz eines komplexen Netzwerks von mehreren Universen voraus.

Aus diesem Blickwinkel ist die Zukunft unseres eigenen Weltalls weniger tragisch, als sie auf den ersten Blick scheint, denn schon lange bevor das zerstörerische Ende beginnt, hat der Kosmos zahllose Nachkommen gezeugt, von denen jeder einzelne voll sprühender Energie und viel versprechender Kraft steckt, so wie das Weltall, in dem wir geboren sind. Der Tod des Universums erscheint plötzlich nicht schrecklicher oder unüberwindbarer als der Zerfall einer bestimmten Galaxie oder die Explosion eines einzelnen Sterns oder das Sterben eines Marienkäfers.

Und da unser Weltall so überwältigend viele Nachkommen produziert, kann es auch einen eindrucksvollen Stammbaum vorweisen. Unser Kosmos ist eines der zahlreichen Kinder eines

Du und ich, wir sind unabdingbarer Teil dieses sich entwickelnden Multiversums

Mutterweltalls, in dem sich dieselben Zyklen von Geburt und Tod, Schöpfung und Vernichtung vollzogen. Dieses gigantische Multiversum, das genealogische Netzwerk von kosmischen Vorfahren und Nachkommen, für immer voneinander getrennt durch nicht eliminierbare Barrieren in unbekannten Dimensionen, ist vielleicht unbegrenzt in seiner Größe und Lebensdauer – ein komplexes Bauwerk unendlicher Möglichkeiten und ewig währender Evolution.

Das ist die Botschaft des sich entwickelnden Weltalls: Nichts geschieht vergeblich und nichts verschwindet unbemerkt, sondern irgendwann und irgendwo, ständig und überall, entsteht ein neuer Punkt Alpha – unvorstellbar klein, unvorstellbar heiß, unvorstellbar kompakt und unvorstellbar jung. Und siehe da, dort entstehen schon die ersten Dichtefluktuationen in der sich ausdehnenden Urmaterie und flüchtige Gaswolken stürzen in sich zusammen zu Sternhaufen und Galaxien. Nicht mehr lange, dann verstreuen sterbende Sterne neue Elemente, backen Planeten zusammen in rotierenden Scheiben aus Gas und Staub, verketten sich organische Moleküle zu einer lebenden Zelle.

In dieser Welt der Mutter- und Babyuniversen verlieren die Begriffe Anfang und Ende ihre absolute Bedeutung und jedes Ereignis, jede Bewegung eines jeden Elementarteilchens ist Teil eines ewigen Flusses.

Du und ich, wir sind unabdingbarer Teil dieses sich entwickelnden Multiversums.

Schließe nun das Buch und *spüre* diesen Fluss.

Buchmschlag und S. 2/3 ~ Der Adler-Nebel (M 16), ein Sternentstehungsgebiet in 4600 LJ Entfernung im Sternbild Serpens (Schlange), fotografiert mit dem 0,9-m-Teleskop der Kitt-Peak-Sternwarte in Arizona. ► T.A. RECTOR (NRAO/AU/NSF UND NOAO/AURA/NSF) UND B.A. WOLPA (NOAO/AURA/NSF)

S. 1 und Buchrückseite ~ ESO 510-13, eine Galaxie in 170 Millionen LJ Entfernung im Sternbild Hydra (Wasserschlange), fotografiert mit der FORS1-Kamera im Brennpunkt des europäischen 8,2-m-Antu-Teleskops (VLT UT1). Das wellige Staubband ist möglicherweise Folge des kürzlichen Zusammenpralls mit einer anderen Galaxie. ► ESO

S. 4/5 ~ Das Zentrum des Hantel-Nebels (M 27), ein Planetarischer Nebel in 1200 LJ Entfernung im Sternbild Vulpecula (Füchschen), fotografiert mit der WFPC-2-Kamera an Bord des Hubble-Weltraumteleskops. ► NASA/HUBBLE HERITAGE TEAM (AURA/STSCI)/C.R. O'DELL (VANDERBILT UNIVERSITY)

S. 8 ~ Künstlich eingefärbte Blasenkammer-Aufnahme der Spuren, die elektrisch geladene Teilchen zeichnen. Gewonnen in der Big European Bubble Chamber des europäischen Zentrums für Kern- und Teilchenphysik CERN in Genf. ► CERN

S. 10 ~ Die Schöpfung der Erde auf einer Abbildung aus der *Bible Moralisée* aus dem 13. Jahrhundert. ► CODICES ILLUSTRES

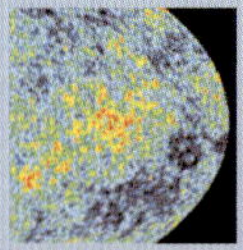

S. 12 ~ Das Weltall mit minimalen Temperaturunterschieden in der kosmischen Hintergrundstrahlung gemessen von der amerikanischen Wilkinson Microwave Anisotropy Probe (WMAP). Die blauen Gebiete sind einen winzigen Bruchteil eines Grades kühler als die gelben und roten Gebiete. ► NASA/WMAP SCIENCE TEAM

S. 13 ~ In einem kleinen Bereich des Sternenhimmels hat das amerikanische Degree Angular Scale Interferometer (DASI) auf dem geografischen Südpol nicht nur Temperaturunterschiede in der kosmischen Hintergrundstrahlung feststellt (farbig abgebildet), sondern auch die Polarisationsrichtung der Hintergrundstrahlung gemessen (mit schwarzen Linien wiedergegeben). ► DASI COLLABORATION

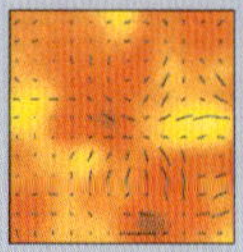

S. 15 ~ Die Evolution des Weltalls. Kurz nach dem Urknall entstanden die ersten Galaxien. In interstellaren Wolken wurden Sterne und Planeten geboren. Organische Moleküle, transportiert von Kometen, rieselten auf Planeten wie der Erde nieder, wo kurz darauf Leben entstehen konnte. ► NASA/JPL

S. 16 ~ Bündel energiereicher, negativ geladener Pionen hinterlassen Spuren in einer kleinen, mit flüssigem Wasserstoff gefüllten Blasenkammer. ► CERN

S. 18 ~ Junge Sterne sowie Gas- und Staubwolken in der Umgebung des Sterns R CrA in 500 LJ Entfernung im Sternbild Corona Australis (Südliche Krone), fotografiert mit dem Wide Field Imager am 2,2-m-MPG/ESO-Teleskop auf La Silla, Chile. ► ESO

S. 20/21 ~ Computersimulation vom Entstehen der Grundstruktur des Weltalls mit länglichen, durch die Schwerkraft beeinflussten Superhaufen. Links: vor 13 Milliarden Jahren; rechts: das heutige Weltall (die Seitenlänge des Kubus beträgt 140 Millionen LJ). Bei der Simulation wird ausgegangen von einem Weltallmodell mit kalter dunkler Materie und dunkler Energie. ► NSCA/A. KRAVTSOV (UNIVERSITY OF CHICAGO)/ A. KLYPIN (NEW MEXICO STATE UNIVERSITY)

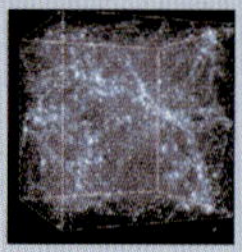

S. 22 ~ Der Carina-Nebel (NGC 3372), ein riesiges Sternentstehungsgebiet in 8000 LJ Entfernung im Sternbild Carina (Schiffskiel), fotografiert mit dem 0,9-m-Curtis-Schmidt-Teleskop auf dem Cerro Tololo Interamerican Observatory in Chile. Der helle Stern im Zentrum ist Eta Carinae, einer der schwersten Sterne im Milchstraßensystem. ► N. Smith (UNIVERSITY OF MINNESOTA/NOAO/AURA/NSF)

S. 23 ~ Künstlerische Impression von der Geburt der ersten Sterne im Weltall, etwa 200 Millionen Jahre nach dem Urknall. ► A. SCHALLER/STSCI

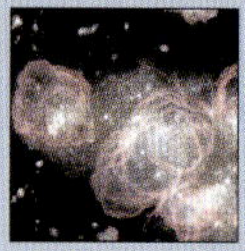

S. 24 ~ Der Bubble-Nebel (NGC 7635) in 7100 LJ Entfernung im Sternbild Kassiopeia, fotografiert mit der WFPC2-Kamera an Bord des Hubble-Weltraumteleskops. Der Stern unten im Bild ist 40-mal so schwer wie die Sonne und bläst mit einer Geschwindigkeit von 7 Millionen km/h eine 6 LJ große Blase in die interstellare Materie der Umgebung. ► NASA/D. WALTER (SOUTH CAROLINA STATE UNIVERSITY)/P. SCOWEN UND B. MORRE (ARIZONA STATE UNIVERSITY)

S. 25 ~ Der Riesenstern WR 124 in 15 000 LJ Entfernung im Sternbild Sagitta (Pfeil) bläst bereits seit 10 000 Jahren mit

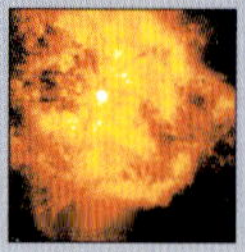

Abkürzungen:

2MASS = Two Micron All Sky Survey, **ACS** = Advanced Camera for Surveys, **AUI** = Associated University, Inc., **AURA** = Association of Universities for Research in Astronomy, **CALTECH** = California Institute of Technology, **CERN** = Centre Européenne pour la Recherche Nucléaire, **CXC** = Chandra X-ray observatory Center, **EIT** = Extreme-ultraviolet Imaging Telescope, **ESA** = European Space Agency, **ESO** = European Southern Observatory, **FOCAS** = Faint Object Camera And Spectrograph, **FORS** = FOcal Reducer/low dispersion Spectrograph, **GMOS** = Gemini Multi-Object Spectrograph, **GSFC** = Goddard Space Flight Center, **IAC** = Instituto de Astrofisica de Canarias, **IC** = Index Catalogue, **IPAC** = Infrared Processing and Analysis Center, **IRAS** = Infra-Red Astronomy Satellite, **ISAAC** = Infrared Spectrometer And Array Camera, **JSC** = Johnson Space Center, **JPL** = Jet Propulsion Laboratory, **LASCO** = Large Angle and Spectrometric COronagraph, **M** = Messier-Katalog, **MIT** = Massachusetts Institute of Technology, **MPG** = Max Planck Gesellschaft, **MSSS** = Malin Space Science Systems, **NAOJ** = National Astronomical Observatory of

Geschwindigkeiten von fast 200 000 km/h Gas in den Raum. Der dabei entstehende Nebel, M1-67, enthält Gasklumpen, die 30-mal so schwer sind wie die Erde. Das Foto entstand mit der WFPC2-Kamera des Hubble-Weltraumteleskops. ► NASA/Y. GROSDIDIER (UNIVERSITÉ DE MONTREAL UND OBSERVATOIRE DE STRASBOURG)/ A. MOFFAT (UNIVERSITÉ DE MONTREAL)/G. JONCAS (UNIVERSITÉ DE LAVAL)/A. ACKER (OBSERVATOIRE DE STRASBOURG)

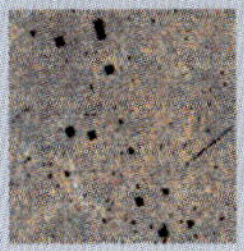

S. 27 oben ~ Zweidimensionale Verteilung von etwa zwei Millionen Galaxien die sich über den Großteil des südlichen Himmels erstrecken, kartiert mithilfe des 1,8-m-UK-Schmidt-Teleskops in Australien auf 185 Fotoplatten. Mit verschiedenen Farben wird die Dichte der Galaxien angegeben. Die kleinen schwarzen Stellen wurden ausgespart, da sich dort helle Sterne befinden. ► S. MADDOX, W. SUTHERLAND, G. EFSTATHIOU UND J. LOVEDAY (OXFORD UNIVERSITY)

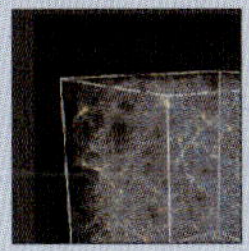

S. 27 unten ~ Bild aus einer dreidimensionalen Computersimulation der Entstehung von Haufen und Superhaufen, entsprechend der Materieverteilung im heutigen Weltall. Gas mit niedriger Dichte ist blau; Gas mit hoher Dichte ist rot. ► M. NORMAN (UNIVERSITY OF CALIFORNIA, SAN DIEGO)/G. BRYAN (NSCA)

S. 28/29 ~ Abell 1689, ein massereicher Haufen von Galaxien in einer Entfernung von 2,2 Milliarden LJ im Sternbild Virgo (Jungfrau), fotografiert mit der ACS-Kamera des Hubble-Weltraumteleskops. Die Schwerkraft der Galaxien und die dunkle Materie im Haufen wirken wie eine Linse: Das Licht von entfernteren Galaxien wird verstärkt und zu hellen Lichtbögen verformt. ► NASA/ESA/N. BENITEZ UND H. FORD (JOHNS HOPKINS UNIVERSITY), T. BROADHURST (THE HEBREW UNIVERSITY)/M. CLAMPIN UND G. HARTIG (STSCI)/G. ILLINGWORTH (UCO/LICK OBSERVATORY)/ ACS SCIENCE TEAM

S. 30 ~ Tausende von weit entfernten Galaxien sind auf dieser Aufnahme eines Ausschnitts des Sternenhimmels im Sternbild Sculptur (Bildhauer) zu sehen, fotografiert mit der FORS1-Kamera im Brennpunkt des europäischen 8,2-m-Antu-Teleskops (VLT UT1) auf dem Cerro Paranal in Chile. Das helle Objekt am unteren Bildrand, links unterhalb des auffälligen Spiralsystems, ist der Quasar QO103-260, der 11,7 Milliarden LJ entfernt ist. ► ESO

S. 31 ~ ACO 3627, ein großer Galaxienhaufen in 250 Millionen LJ Entfernung im Sternbild Norma (Winkelmaß), fotografiert mit dem Wide Field Imager am 2,2-m-MPG/ESO-Teleskop auf La Silla, Chile. Die gelblichen Lichtflecken sind die schwersten Galaxien im Haufen; die meisten weißen Pünktchen sind im Vordergrund stehende Sterne unseres Milchstraßensystems. ► ESO

S. 32 ~ Zehn Millionen Sterne sind auf diesem Infrarotfoto vom Zentrum des Milchstraßensystems, 25 000 LJ entfernt im Sternbild Sagittarius (Schütze) zu

sehen. Das Foto entstand als Teil des 2MASS-SURVEY, der mit zwei 1,3-m-Teleskopen auf Mount Hopkins in Arizona und am Cerro Tololo Interamerican Observatory in Chile gemacht wurde. Im Bereich der nahen Infrarot-Wellenlängen (zwischen 1 und 2 Mikrometern) erfolgt praktisch keine Absorption von Sternenlicht durch interstellaren Staub. ► 2MASS/E. KOPAN/R. HURT

S. 34 ~ NGC 4414 ist eine prächtige Spiralgalaxie mit hellem Zentrum und majestätischen staub- und gasreichen Spiralarmen in 60 Millionen LJ Entfernung im Sternbild Coma Berenices (Haar der Berenike). Die Aufnahme entstand mit der WFPC2-Kamera des Hubble-Weltraumteleskops. ► HUBBLE HERITAGE TEAM (AURA/STCI/NASA)

S. 35 oben ~ M 80 ist einer der am stärksten konzentrierten Kugelsternhaufen im Milchstraßensystem. Der Kugelhaufen liegt 28 000 LJ entfernt im Sternbild Scorpius (Skorpion). Die Aufnahme entstand mit der WFPC2-Kamera des Hubble-Weltraumteleskops. ► HUBBLE HERITAGE TEAM (AURA/STSCI/NASA)

S. 35 unten ~ Ein superschweres Schwarzes Loch mit etwa zwei Milliarden mal so viel Masse wie die Sonne im Kern der elliptischen Galaxie M 87 in 50 Millionen LJ Entfernung im Sternbild Virgo (Jungfrau), erzeugt einen Strahl sich extrem schnell bewegender elektrisch geladener Teilchen, der Schockwellen im interstellaren Gas auslöst. Die Aufnahme entstand mit der WFPC2-Kamera des Hubble-Weltraumteleskops. ► HUBBLE HERITAGE TEAM (AURA/STSCI/NASA)

S. 36 ~ Zwei Galaxien in 300 Millionen LJ Entfernung im Sternbild Coma Berenices (Haar der Berenike) verfangen sich in der gegenseitigen Schwerkraft. Gezeitenkräfte haben lange Schleier von Gas und Sternen in den Raum hineingezogen, wodurch das Duo (NGC 4676) den Spitznamen „die Mäuse" erhielt. Die Aufnahme entstand mit der ACS-Kamera des Hubble-Weltraumteleskops. ► NASA/ H. FORD (JOHNS HOPKINS UNIVERSITY)/G. ILLINGWORTH (UCO/LICK OBSERVATORY)/M. CLAMPIN UND G. HARTIG (STSCI)/ACS SCIENCE TEAM

S. 38 ~ Röntgenmosaik (ca. 800 x 300 LJ) vom Milchstraßenzentrum, zusammengesetzt aus Dutzenden von Aufnahmen des amerikanischen Röntgensatelliten Chandra. Das Schwarze Loch im Zentrum des Milchstraßensystems befindet sich in dem hellen weißen Fleck in der Mitte des Fotos. Die meisten Lichtquellen sind Röntgendoppelsterne; einige größere sind Supernovareste. ► NASA/D. WANG (UNIVERSITY OF MASSACHUSETTS)

S. 39 ~ Im Zentrum der Galaxie NGC 1512 in 30 Millionen LJ Entfernung im Sternbild Horologium (Pendeluhr) wurde mit der WFPC2-Kamera des Hubble-Weltraumteleskops ein Ring von Sternentstehungsgebieten und

Japan, **NAOS-CONICA** = Nasmyth Adaptive Optics System/Near-Infrared Imager and Spectrograph, **NASA** = National Aeronautics and Space Administration, **NCSA** = National Center for Supercomputer Applications, **NEAR** = Near-Earth Asteroid Rendezvous, **NGC** = New General Catalogue, **NICMOS** = Near-Infrared Camera and Multi-Object Spectrograph, **NOAO** = National Optical Astronomy Observatory, **NRAO** = National Radio Astronomy Observatory, **NSF** = National Science Foundation, **SAO** = Smithsonian Astrophysical Observatory, **SOHO** = SOlar and Heliospheric Observatory, **SOFI** = Son OF **ISAAC**, **STSCI** = Space Telescope Science Institute, **TRACE** = Transition Region And Coronal Explorer, **UCO** = University of California Observatories, **USNO** = United Stated Naval Observatory, **VIMOS** = VIsible Multi-Object Spectrograph, **VLT** = Very Large Telescope (**UT** = Unit Telescope), **WFPC** = Wide Field and Planetary Camera, **WIYN** = University of Wisconsin/Indiana University/Yale University/NOAO consortium

jungen Sternhaufen fotografiert (Durchmesser 2400 LJ).
► NASA/ESA/D. MAOZ (TEL-AVIV UNIVERSITY UND COLUMBIA UNIVERSITY)

S. 40 links ~ Künstlerische Impression von zwei superschweren Schwarzen Löchern im Innern von Galaxien, jede mit ihrer eigenen Akkretionsscheibe aus heißem Gas, die während des Zusammenpralls der Galaxien kurz davor sind, miteinander zu verschmelzen. ► CXC/A. HOBART

S. 40 rechts ~ Künstlerische Impression von dem Quasar PKS0251-36 in einer Milliarde LJ Entfernung im Sternbild Columba (Taube). Im Zentrum der aktiven Galaxie befindet sich ein superschweres Schwarzes Loch, das Materie aus seinem Umfeld aufsaugt. Dabei wird so viel Energie erzeugt, dass Bündel sich schnell bewegender elektrisch geladener Teilchen in den Raum geblasen werden, entlang der Rotationsachse des Schwarzen Lochs. ► D. BERRY (STSCI)

S. 41 ~ Explosionsartige Erscheinungen im Zentrum der Galaxie M 82 in 12 Millionen LJ Entfernung im Sternbild Ursa Major (Großer Bär), fotografiert mit der FOCAS-Kamera des japanischen 8,3-m-Subaru-Teleskops auf Mauna Kea, Hawaii. Schleier ionisierten Wasserstoffgases (rot) werden extrem schnell aus dem Innern des Systems geblasen, wahrscheinlich infolge von gewaltiger Sternentstehungsaktivität und den dazugehörigen Supernova-Explosionen.
► SUBARU TELESKOP/NAOJ

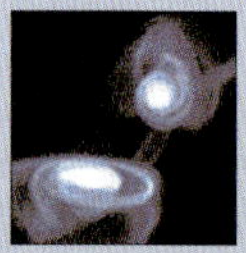

S. 42/43 ~ Computersimulation des Zusammenpralls unseres Milchstraßensystems mit dem Andromeda-System, wie er eventuell in einigen Milliarden Jahren stattfinden wird. Der Zeitabstand zwischen jeweils zwei Abbildungen beträgt immer 90 Millionen Jahre. Die zwei Systeme werden infolge der gegenseitigen Gezeitenkräfte stark verformt und schließlich verschmelzen. ► J. DUBINSKI (UNIVERSITY OF TORONTO)

S. 44 ~ Aufnahme des nahe gelegenen Spiralsystems M 33 in 2,3 Millionen LJ Entfernung im Sternbild Triangulum (Dreieck), zusammengestellt aus Beobachtungen mit dem 0,9-m-Teleskop auf der Kitt-Peak-Sternwarte in Arizona, dem amerikanischen Very Large Array und dem niederländischen Westerbork Synthese Radio-Teleskop. Die Radiobeobachtungen (lila) zeigen die Verteilung von kühlem, neutralem Wasserstoffgas im System. ► T.A. RECTOR (NRAO/AUI/NSF UND NOAO/AURA/NSF) UND M. HANNA (NOAO/AURA/NSF)

S. 44/45 ~ Röntgenaufnahme des Milchstraßenzentrums des amerikanischen Röntgensatelliten Chandra. Der hellste Röntgenpunkt ist Sagittarius A*, der sich mit dem Schwarzen Loch im Milchstraßenzentrum in 25 000 LJ Entfernung im Sternbild Sagittarius (Schütze) überschneidet. Auf der Chandra-Aufnahme, die insgesamt 164 Stunden belichtet wurde, konnten rund 2000 andere schwache Röntgenquellen entdeckt werden. ► NASA/CXC/MIT/F.K. BAGANOFF ET.AL.

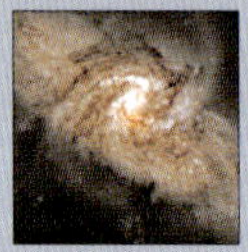

S. 45 ~ Diese zwei Galaxien im Sternbild Hydra (Wasserschlange) scheinen zusammenzustoßen, doch in Wirklichkeit handelt es sich um einen zufälligen, scheinbaren Gleichstand. Die Galaxie im Vordergrund (NGC 3314a) steht 117 LJ entfernt; die Galaxie im Hintergrund (NGC 3314b) ist 140 LJ entfernt. Die Aufnahme entstand mit der WFPC2-Kamera des Hubble-Weltraumteleskops.
► NASA/HERITAGE TEAM (STSCI/AURA)

S. 46 ~ Der Rosetten-Nebel, ein eindrucksvolles Sternentstehungsgebiet in einer Entfernung von 5500 LJ im Sternbild Monoceros (Einhorn), fotografiert mit dem 0,9-m-Teleskop auf der Kitt-Peak-Sternwarte in Arizona. Das Farbfoto ist eine Montage aus drei Aufnahmen; rot deutet auf das Vorliegen von ionisiertem Wasserstoffgas hin, grün auf doppelt ionisierten Sauerstoff und blau auf ionisierten Schwefel.
► T.A. RECTOR, B.A. WOLPA UND M. HANNA (NRAO/AURA/NSF)

S. 48 ~ Der Orion-Nebel (M 42) ist eines der bekanntesten Sternentstehungsgebiete, er liegt in 1500 LJ Entfernung im Sternbild Orion. Dieses Mosaik des Nebels ist zusammengesetzt aus Infrarotaufnahmen, die im Rahmen des 2MASS-SURVEY gemacht wurden. Der 2MASS-SURVEY wurde mit zwei 1,3-m-Teleskopen auf Mount Hopkins in Arizona und auf dem Cerro Tololo Interamerican Observatory in Chile durchgeführt. ► 2MASS/E. KOPAN (IPAC)

S. 49 links oben ~ Barnard 68, eine Dunkelwolke (Bokglobule) in 410 LJ Entfernung im Sternbild Ophiuchus (Schlangenträger) ist im Begriff, zu einem neuen Stern zu kollabieren. Nur am dünneren Außenrand schimmern die unzähligen Hintergrundsterne durch die Wolke hindurch. Das Foto entstand mit der FORS1-Kamera im Brennpunkt des europäischen 8,2-m-Antu-Teleskops (VLT UT1) auf dem Cerro Paranal in Chile. ► ESO/J. ALVES

S. 49 links unten ~ Der Trifid-Nebel (M 20), ein Sternentstehungsgebiet in mehreren Tausend LJ Entfernung im Sternbild Sagittarius (Schütze), fotografiert mit der GMOS-Kamera im Brennpunkt des 8-m-Gemini-Teleskops auf Mauna Kea, Hawaii.
► GEMINI OBSERVATORY/GMOS IMAGE

S. 49 rechts ~ Der Rand des Pelikan-Nebels (IC 5070) in etwa 2500 LJ Entfernung im Sternbild Cygnus (Schwan), fotografiert mit dem 0,9-m Teleskop auf der Kitt-Peak-Sternwarte in Arizona. Der Gas- und Staubnebel (rechts) zeigt bizarre Formen infolge der ionisierenden Strahlung der hellen, jungen Sterne links außerhalb des Bildes.
► J. BALLY (UNIVERSITY OF COLORADO)/NOAO/AURA/NSF

S. 51 ~ Der Adler-Nebel (M 16) in 4600 LJ Entfernung im Sternbild Serpens (Schlange), fotografiert mit der ISAAC-Kamera im Brennpunkt des europäischen 8,2-m-Antu-Teleskops (VLT UT1) auf dem Cerro Paranal in Chile. Das Foto ist zusammengesetzt aus 144 Einzelaufnahmen im Infrarotbereich. Rechts oben ist der offene Sternhaufen NGC 6611 zu sehen, in dem sich helle Sterne befinden, die die dunklen Staubsäulen in der Mitte beleuchten. Vergleichen Sie diese Aufnahme einmal mit dem Umschlagbild. ► ESO/M. MCCAUGHREAN

S. 52 ~ HH 111 ist ein Protostern in 1500 LJ Entfernung im Sternbild Orion. Der Stern, umhüllt von Staubwolken, befindet sich unten im Bild (fotografiert mit der NICMOS-Infrarotkamera an Bord des Hubble-Weltraumteleskops); einer der 12 LJ langen Gasstrahlen (Jets) ist oben im Bild zu sehen (fotografiert mit der WFPC2-Kamera, ebenfalls an Bord des Hubble-Weltraumteleskops).
► NASA/B. REIPURTH (UNIVERSITY OF COLORADO)

S. 53 ~ Ein doppelter Sternhaufen (NGC 1850) in der Großen Magellanschen Wolke in 170 000 LJ Entfernung im Sternbild Dorado (Goldfisch), fotografiert mit der WFPC2-Kamera an Bord des Hubble-Weltraumteleskops. Der große Sternhaufen (im Zentrum) enthält Zehntausende von Sternen; der kleinere (rechts oben) ähnelt eher den offenen Sternhaufen in unserem Milchstraßensystem. Die dünnen Gasschleier entstanden wahrscheinlich bei Explosionen von schweren Sternen.
► NASA/ESA/M.ROMANIELLO (ESO)

S. 54 ~ Sternexplosionen im offenen Sternhaufen Hodge 301 (rechts unten) haben Schockwellen und Verdichtungen in den Gas- und Staubwolken in der Umgebung verursacht. Hodge 301 liegt im Tarantel-Nebel, einem gigantischen Sternentstehungsgebiet in der Großen Magellanschen Wolke in 168 000 LJ Entfernung im Sternbild Dorado (Goldfisch). Das Foto wurde mit der WFPC2-Kamera an Bord des Hubble-Weltraumteleskops gemacht. ► HUBBLE HERITAGE TEAM (AURA/STSCI/NASA)

S. 55 ~ Der junge veränderliche Stern LL Orionis in 1500 LJ Entfernung im Sternbild Orion wird von einer Bugwelle begleitet, verursacht durch Strahlung und Sternwind anderer junger heißer Sterne im Orion-Nebel. Das Foto wurde mit der WFPC2-Kamera an Bord des Hubble-Weltraumteleskops gemacht. ► NASA/HUBBLE HERITAGE TEAM (AURA/STSCI)/C.R. O'DELL (VANDERBILT UNIVERSITY)

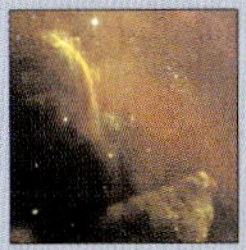

S. 56/57 ~ Unzählige junge Protosterne mit den dazugehörigen Gasbündeln (Jets) und Schockwellen (so genannte Herbig-Haro-Objekte) sind auf dieser Aufnahme des Gebietes um NGC 1999 zu sehen, einem Sternentstehungsgebiet in 1500 LJ Entfernung im Sternbild Orion. Die Herkunft des hellen „Wasserfalls" rechts oben (HH 222) ist unbekannt. Fotografiert mit dem 0,9-m-Teleskop der Kitt-Peak-Sternwarte in Arizona. ► T.A. RECTOR, B.A. WOLPA, G. JACOBY (NOAO/AURA/NSF)/ HUBBLE HERITAGE TEAM (AURA/STSCI/NASA)

S. 58 links ~ Der Stern Merope im offenen Sternhaufen Plejaden (M 45) in 385 LJ Entfernung im Sternbild Taurus (Stier) ist etwa 100 Millionen Jahre alt und ist noch von den Resten der Gas- und Staubwolke umhüllt, aus der er entstanden ist. Das Foto wurde aufgenommen mit dem 0,6-m-Burrell-Schmidt-Teleskop der Warbner & Swasey-Sternwarte der Case Western Reserve University.
► NOAO/AURA/NSF

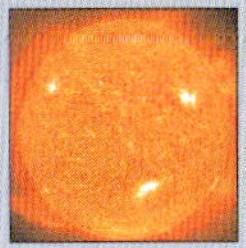

S. 58 rechts ~ Die Sonne ist der am intensivsten untersuchte Stern im Weltall. Sie ist ein mittelgroßer Zwergstern mit einem Alter von etwa 5 Milliarden Jahren, einstmals in einem aktiven Sternentstehungsgebiet entstanden. Diese Aufnahme, auf der (links unten) eine gigantische Eruption zu sehen ist, wurde mit dem EIT-Teleskop an Bord des amerikanisch/europäischen SOHO-Satelliten aufgenommen.
► SOHO/EIT (ESA/NASA)

S. 60 ~: Die Supernova 1987A explodierte am 23. Februar 1987 in der Großen Magellanschen Wolke in etwa 170 000 LJ Entfernung im Sternbild Dorado (Goldfisch). Die Supernova war von der südlichen Halbkugel aus mit bloßem Auge zu sehen. Der explodierte Stern ist umgeben von leuchtenden Ringen abgestoßenen Gases (etwas links oberhalb der Fotomitte). Das Foto wurde mit der WFPC2-Kamera an Bord des Hubble-Weltraumteleskops aufgenommen. ► HUBBLE HERITAGE TEAM (AURA/STSCI/NASA)

S. 62 ~ Der Hantel-Nebel (M 27), ein Planetarischer Nebel in ca. 1200 LJ Entfernung im Sternbild Vulpecula (Füchschen), fotografiert mit dem 2,1-m-Teleskop der Kitt-Peak-Sternwarte in Arizona. ► KITT PEAK RESEARCH EXPERIENCES FOR UNDERGRADUATES PROGRAM /NRAO/AURA/NSF

S. 63 ~ Schleier und Blasen aus Gas im Nebelkomplex N44C, entstanden infolge einer Supernova-Explosion in einem jungen Sternhaufen in der Großen Magellanschen Wolke in 170 000 LJ Entfernung im Sternbild Dorado (Goldfisch). Das Foto wurde mit der WFPC2-Kamera an Bord des Hubble-Weltraumteleskops aufgenommen. ► NASA/HUBBLE HERITAGE TEAM (AURA/STSCI)

S. 65 ~ Nahaufnahme des Schlüsselloch-Nebels, ein Teil des Carina-Nebels (NGC 3372) in 8000 LJ Entfernung im Sternbild Carina (Schiffskiel). Die unregelmäßigen dunklen Wölkchen (links oben und in der Mitte unten) sind Staubkomplexe, bestehend aus schweren Elementen, die in früheren Sterngenerationen entstanden sind. Das Foto wurde mit der WFPC2-Kamera an Bord des Hubble-Weltraumteleskops aufgenommen.
► NASA/HUBBLE HERITAGE TEAM (AURA/STSCI)

S. 66 ~ Die Supernova 1994D in der staubreichen spiralförmigen Galaxie NGC 4526 in 40 Millionen LJ Entfernung im Sternbild Virgo (Jungfrau), fotografiert mit der WFPC2-Kamera an Bord des Hubble-Weltraumteleskops.
► HIGH-Z SUPERNOVA SEARCH TEAM/STSCI/NASA

S. 67 links ~: Computersimulation eines sonnenähnlichen Sterns, der von einer Schockwelle einer nahen Supernova-Explosion getroffen wird (außerhalb des Bildes an der Oberseite der Illustration). Mit verschiedenen Farben ist die Gasdichte angegeben. ► R. HOFFMAN/LAWRENCE LIVERMORE NATIONAL LABORATORY

S. 67 rechts ~ Künstlerische Impression eines Pulsars: ein schnell kreiselnder Neutronenstern mit einem starken Magnetfeld, der zwei energiereiche Bündel elektrisch geladener Teilchen und Strahlen in den Raum bläst. ► M.A. GARLICK, HTTP://WWW.MARKGARLICK.COM

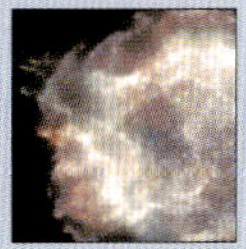

S. 68 ~ Kassiopeia A ist der sich ausdehnende Rest einer Supernova-Explosion, die Ende des 17. Jahrhunderts in etwa 3400 LJ Entfernung im Sternbild Kassiopeia beobachtet wurde. Diese detaillierte Röntgenaufnahme stammt vom Röntgensatelliten Chandra der NASA. ► NASA/CXC/SAO

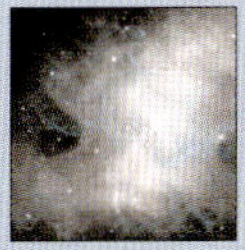

S. 69 ~ Der Krabben-Nebel (M 1), der Supernovarest einer Sternexplosion, die in 6500 LJ Entfernung im Sternbild Taurus (Stier) im Jahr 1054 beobachtet wurde, fotografiert mit dem 3,5-m-WIYN-Teleskop auf der Kitt-Peak-Sternwarte in Arizona. Der unterste der zwei recht hellen Sterne in der Mitte des Fotos ist der Krebs-Pulsar, der kollabierte Rest des explodierten Sterns. ► J. GALLAGHER (UNIVERSITY OF WISCONSIN)/WIYN/NOAO/NSF

S. 70/71 ~ Ein aktives Gebiet auf der Sonne, fotografiert mit einem Filter, der Gasstrahlen mit einer Temperatur von ca. einer Million Grad durchlässt. In solchen aktiven Gebieten entsteht der Sonnenwind: ein ständiger Strom elektrisch geladener Teilchen, der in den Raum geblasen wird. Das Foto wurde

von dem amerikanischen TRACE-Satelliten aufgenommen.
► C.J. SCHRIJVER/TRACE TEAM

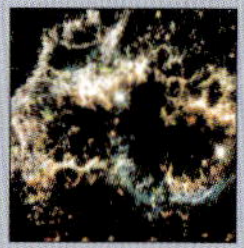

S. 72 Nahaufnahme glühender Gasschleier in dem sich ausdehnenden Supernovarest Kassiopeia A, der Rest einer Sternexplosion, die Ende des 17. Jahrhunderts in ca. 3400 LJ Entfernung im Sternbild Kassiopeia beobachtet wurde. Das Foto wurde mit der WFPC2-Kamera an Bord des Hubble-Weltraumteleskops aufgenommen. ► NASA/HUBBLE HERITAGE TEAM (AURA/STSCI)

S. 74 Das Herz des Orion-Nebels (M 42) in 1500 LJ Entfernung im Sternbild Orion mit vier hellen Trapezsternen in der Mitte, die das Gas im Nebel ionisieren. Dieses Mosaik von Infrarotaufnahmen ist aus 81 Einzelbildern zusammengesetzt, aufgenommen mit der ISAAC-Kamera im Brennpunkt des europäischen 8,2-m-Antu-Teleskops (VLT UT1) auf dem Cerro Paranal in Chile.
► ESO/M. MCCAUGHREAN

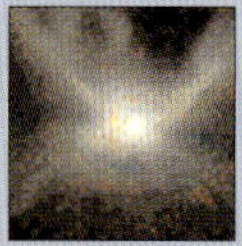

S. 76 Infrarotaufnahmen von sechs jungen protoplanetaren Scheiben in 450 LJ Entfernung im Sternbild Taurus (Stier), aufgenommen mit der NICMOS-Kamera an Bord des Hubble-Weltraumteleskops. Oben (v.l.n.r.): CoKu Tau/1, DG Tau B, Haro 6-5B; unten (v.l.n.r.): IRAS 04016+2610, IRAS 04248+2612, IRAS 04302+2247. ► D. PADGETT (IPAC/CALTECH)/ W. BRANDNER (IPAC)/K. STAPELFELDT (JPL)/NASA

S. 77 Künstlerische Impression von Gliese 876b, einem Exoplaneten, der zweimal so schwer ist wie Jupiter. Der Planet umrundet alle 61 Tage den Zwergstern Gliese 876 (Ross 780) in 15 LJ Entfernung im Sternbild Aquarius (Wassermann). ► NASA/G. BACON (STSCI)

S. 78 Kompakte Globulen heben sich dunkel gegen den hellen Nebelhintergrund des IC 2944 in 5900 LJ Entfernung im Sternbild Centaur (Zentaur) ab. Die Aufnahme entstand mit der WFPC2-Kamera an Bord des Hubble-Weltraumteleskops.
► NASA/HUBBLE HERITAGE TEAM (AURA/STSCI)

S. 79 Fünf Bilder einer Computeranimation von der Entstehung unseres Sonnensystems aus einer sich zusammenziehenden Gas- und Staubwolke. ► ANIMALU PRODUCTIONS/JPL

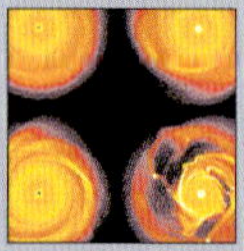

S. 80 Vier Phasen aus einer Computersimulation von der schnellen Entstehung eines Riesenplaneten aus Instabilitäten in den protoplanetaren Scheiben. Dichteunterschiede sind mit verschiedenen Farben angegeben. Die Simulationen verdeutlichen, dass Riesenplaneten innerhalb weniger Jahrhunderte entstehen können. ► L. MAYER

S. 81 Künstlerische Impression von der Entstehung unseres Sonnensystems (nicht maßstabsgetreu). Während überall noch Gas- und Staubteilchen und kleine Planetesimale herumschweben, haben sich bereits einige große Planetesimale entwickelt. ► M.A. GARLICK, HTTP://WWW.MARKGARLICK.COM

S. 82 Der Riesenplanet Jupiter mit dem Schatten des Mondes Europa, aufgenommen am 7. Dezember 2000 von der amerikanischen Raumsonde Cassini. Das Foto ist eine Montage aus vier Einzelbildern. ► NASA/JPL/UNIVERSITY OF ARIZONA

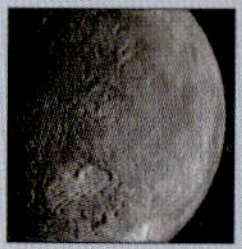

S. 82/83 Künstlerische Impression von Quaoar, einem Eiszwerg im Kuiper-Gürtel in ca. 6,5 Milliarden km Entfernung von der Sonne und mit einem Durchmesser von ca. 1000 km. ► NASA/M. BROWN (CALTECH)

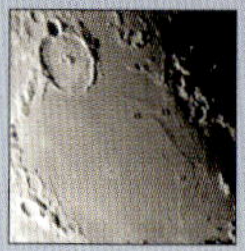

S. 83 Die 105 km große Wallebene Gassendi (links oben) am Rande des Mare Humorum, eine vulkanische Ebene auf dem Mond, fotografiert mit dem Wide Field Imager am 2,2-m-MPG/ESO-Teleskop auf La Silla, Chile. ► ESO

S. 84 oben Der lange, gebogene Staubschweif des Kometen Ikeya-Seki, der 1966 flach über dem Horizont zu sehen war, fotografiert mit einer Kleinbildkamera.
► R. LYNDS/NOAO/AURA/NSF

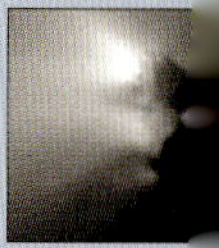

S. 84 unten Der 14 km lange, dunkle Kern des Kometen Halley, fotografiert am 14. März 1986 mit der Halley Multicolour Camera an Bord der europäischen Raumsonde Giotto. Das Foto, auf dem aktive Fontänen aus Gas und Staub zu sehen sind, setzt sich 68 Einzelaufnahmen zusammen. ► ESA/H.U. KELLER (MAX-PLANCK-INSITUT FÜR AERONOMIE.)

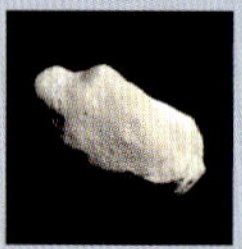

S. 85 Nahaufnahmen von drei Planetoiden. V.l.n.r.: (433) Eros (Größe ca. 33 km), aufgenommen von der amerikanischen Raumsonde NEAR-Shoemaker; (951) Gaspra (58 km) und (243) Ida (56 km), beide fotografiert von der amerikanischen Planetensonde Galileo.
► NASA/ JOHNS HOPKINS UNIVERSITY APPLIED PHYSICS LABORATORY (Eros); NASA/JPL (Gaspra/Ida).

S. 86 Der helle A-Ring des Planeten Saturn mit der dunklen Enckeschen Teilung oben, fotografiert am 23. August 1981 von der amerikanischen Raumsonde Voyager 2 aus einer Entfernung von 2,8 Millionen km.
► NASA/JPL

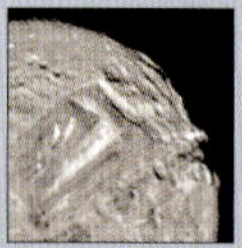

S. 88 oben Der kleine, ramponierte Uranusmond Miranda, fotografiert am 24. Januar 1986 von der amerikanischen Raumsonde Voyager 2. Das Foto ist zusammengesetzt aus neun Einzelbildern. Miranda hat einen Durchmesser von 480 km. ► NASA JPL

S. 88 unten Der beringte Riesenplanet Saturn, fotografiert am 8. Dezember 2001 mit der NAOS-CONICA-Kamera im Brennpunkt des europäischen 8,2-m-Yepun-Teleskops (VLT UT4) auf dem Cerro Paranal in Chile. Mit Hilfe der adaptiven Optik wurden sehr kleine Details trotz der großen Entfernung von 1,2 Milliarden km sichtbar gemacht. ► ESO/A.-M. LAGRANGE

S. 89 In den ersten Tagen des Sonnensystems erlebten die gerade geborenen Planeten, einschließlich Erde und Mond, ein heftiges Bombardement kosmischer Projektile. ► M.A. GARLICK, HTTP://WWW.MARKGARLICK.COM

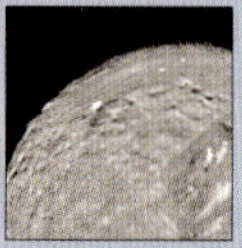

S. 90 links Das riesige Einschlagbecken Valhalla auf Kallisto, dem äußersten der vier Jupitermonde, fotografiert am 6. März 1979 von der amerikanischen Raumsonde

Voyager 1. Der Durchmesser von Kallisto beträgt 4800 km. Das helle Zentrum von Valhalla misst im Durchmesser 600 km; die konzentrischen Ringe haben eine Ausdehnung bis 1500 km vom Zentrum. ► NASA/JPL

S. 90 rechts Lavaseen und Schwefelablagerungen im Bereich von Tvashtar Catena, einer Kette von aktiven Vulkankalderen auf Io, dem innersten der vier großen Jupitermonde, fotografiert am 22. Februar 2000 von der amerikanischen Raumsonde Galileo. Das abgebildete Gebiet misst 250 x 250 km. ► NASA/JPL

S. 91 oben Nahaufnahme der Nicholson Region und Arbela Sulcus – Bergrücken und parallel verlaufende Furchen auf der ramponierten Oberfläche von Ganymed, dem zweitäußersten der vier großen Jupitermonde, fotografiert am 20. Mai 2000 von der amerikanischen Raumsonde Galileo aus einer Entfernung von 3350 km. Das abgebildete Gebiet misst 85 x 20 km. ► NASA/JPL

S. 91 unten Thera ist ein dunkles Feld auf der hellen Eisoberfläche von Europa, einem der vier großen Jupitermonde, das seine Entstehung wahrscheinlich einer Aufwölbung des Materials im Mantel von Europa verdankt. Das Foto wurde am 26. September 1998 von der amerikanischen Raumsonde Galileo aufgenommen. Das abgebildete Gebiet misst 240 x 85 km. ► NASA/JPL

S. 93 Computergenerierte künstlerische Impression von Melas Chasma, einem Hunderte von Kilometern langen Canyon etwas südlich des Marsäquators, in einer fernen Vergangenheit, als es vielleicht noch fließendes Wasser auf dem Mars gab. Dieses dreidimensionale Bild stützt sich auf genaue Höhenmessungen des Mars Global Surveyor. ► K. VEENENBOS, HTTP://WWW.SPACE 4CASE.COM

S. 94 Der Untergang des Mondes, fotografiert aus der Raumfähre Discovery am 14. Juli 1995. ► NASA/JPL

S. 95 oben Dreidimensionales Bild der Alpha Regio, einer hügeligen Hochebene auf dem Planeten Venus mit einem Durchmesser von ca. 1300 km. Links unterhalb von Alpha Regio erkennt man domartige Aufwölbungen. Das vertikale Relief ist 23-mal vergrößert und wurde künstlich koloriert. Dieses Bild stützt sich auf Radarbeobachtungen der amerikanischen Raumsonde Magellan in den Jahren 1989 und 1990. ► NASA/JPL

S. 95 unten An der Innenwand eines 7 km großen Kraters auf dem Boden des Einschlagbeckens Newton auf dem Planeten Mars sind Strömungsmuster und kleine Rillen zu sehen, die die Vermutung nahe legen, dass erst kürzlich dort Wasser geflossen ist, das vielleicht aus einer Eisschicht unter der Marsoberfläche stammt. Dieses künstlich kolorierte Foto setzt sich aus drei Aufnahmen zusammen, die zwischen Januar und Mai 2000 von der Raumsonde Mars Global Surveyor gemacht wurden. ► NASA/JPL/MSSS

S. 96 Der Rand des 1300 km großen Einschlagbeckens Caloris auf dem Planeten Merkur in einem Fotomosaik, das im Jahr 1974 von der amerikanischen Raumsonde Mariner 10 angefertigt wurde. Die Oberfläche von Merkur zeigt große Ähnlichkeit mit der des Mondes. ► NASA/JPL

S. 97 Montage von Aufnahmen der Jupiteratmosphäre, aufgenommen im Infrarotlicht von der amerikanischen Raumsonde Galileo. Hohe dünne Wolken sind hellblau, hohe dicke Wolken sind weiß; tiefer gelegene Wolken sind rot. Das abgebildete Gebiet misst etwa 35 000 x 16 000 km. ► NASA/JPL

S. 98 Dünne, blauweiße Wolken von Wasserkristallen hängen über den hohen Vulkangipfeln des Tharsis-Rückens auf dem Planeten Mars in dieser Montage von Aufnahmen der amerikanischen Raumsonde Mars Global Surveyor, aufgenommen im April 1999. Links befindet sich Olympus Mons, der höchste Vulkan des Sonnensystems. ► NASA/JPL

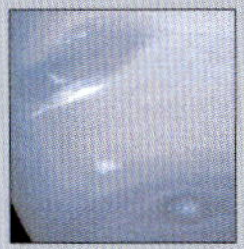

S. 99 Der blaue Riesenplanet Neptun, fotografiert im August 1989 von der amerikanischen Raumsonde Voyager 2. Die blaue Färbung der Neptunatmosphäre wird dadurch verursacht, dass Methangas in der Atmosphäre vor allem rotes Licht absorbiert. In der Atmosphäre sind dunkle Flecken und hohe, dünne Wolkenschleier zu sehen. ► NASA/JPL

S. 100 Die Erde ist ein von Wasser umhüllter Planet, wie dieses Foto der Wolken über dem Indischen Ozean zeigt, aufgenommen am 1. Juni 1999 von der Raumfähre Discovery aus. ► NASA/JPL

S. 102 Der infrarote Emissionsnebel IRAS 16362-4845 hebt sich hell gegen den dunklen Hintergrund des RCW108-Komplexes ab, einer Molekülwolke in 4000 LJ Entfernung im Sternbild Ara (Altar). Die Aufnahme wurde mit der SOFI-Kamera im Brennpunkt des europäischen 3,6-m-New-Technology-Teleskops auf La Silla in Chile gemacht. ► ESO/F. COMERON

S. 103 Kleine, kometenartige Konzentrationen von Gas und Staub im Helix-Nebel, einem 10 000 Jahre alten Planetarischen Nebel in 450 LJ Entfernung im Sternbild Aquarius (Wassermann), fotografiert mit der WFPC2-Kamera des Hubble-Weltraumteleskops. ► C.R. O'DELL UND K.P. HANDRON (RICE UNIVERSITY)/NASA

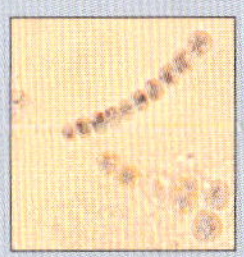

S. 104 Mikroskopaufnahme von Anabena-Bakterien, ein Mikroorganismus, der u.a. Stickstoff erzeugt. ► CORNELL UNIVERSITY/W. GHIORSE

S. 106: Der Morning Glory Pool im Yellowstone-Nationalpark in Wyoming, USA. Die Farben am Rand der Heißwasserquelle sind auf Ablagerungen von Bakterien zurückzuführen. ► G. SCHILLING

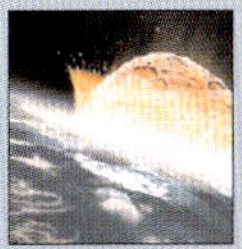

S. 107 Künstlerische Impression eines Planetoideneinschlags, der vor 65 Millionen Jahren der Herrschaft der Dinosaurier ein Ende setzte. ► M.A. GARLICK, HTTP://WWW.MARKGARLICK.COM

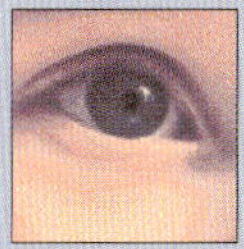

S. 108 Eine einzigartige Neuordnung einer relativ kleinen Zahl von Atomen, entstanden aus dem Innern der Sterne. ► PHOTODISC

S. 109 Sonnenuntergang bei Stonehenge in Wiltshire, England. ► G. SCHILLING

S. 110/111 Die Erde bei Nacht. Der Mensch hat das Aussehen seines Heimatplaneten tief greifend verändert. Diese Karte basiert auf Beobachtungen des amerikanischen Defense Meteorological Satellite Program. ► C. MAYHEW UND R. SIMMON (NASA/GSFC)

S. 112 Die Kuppel des 8-m-Gemini-Teleskops auf Mauna Kea, Hawaii. Direkt links neben der Teleskopkuppel ist das Sternbild Kreuz des Südens zu sehen; weiter links stehen die hellen Sterne Alpha und Beta Centauri. Rechts von der Kuppel ist der helle Carina-Nebel zu erkennen. ► GEMINI OBSERVATORY

S. 113 Der Astronaut Bruce McCandless machte am 12. Februar 1984 einen Raumspaziergang mithilfe der Manned Maneuvering Unit (MMU), in einer Entfernung von ca. 100 m von der Raumfähre Challenger. ► NASA/JSC

S. 114 Künstlerische Impression der fernen Zukunft der Erde: ein lebloser, versengter und danach wieder abgekühlter Planet, beschienen vom schwachen Schein der Sonne, die zu einem kleinen Weißen Zwerg geworden ist. ► M.A. GARLICK, HTTP://WWW.MARKGARLICK.COM

S. 116 Ausbruch des Ätna auf Sizilien, am 30. Oktober 2002 fotografiert von Astronauten an Bord der Internationalen Raumstation. ► NASA/JSC

S. 116/117 Erodierte Sandsteinformation. ► PHOTODISC

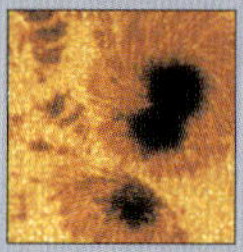

S. 118 Detailaufnahme einer Gruppe von Sonnenflecken, aufgenommen mit dem 1-m-Swedish-Solar-Teleskop auf der Roque-de- los-Muchachos-Sternwarte auf La Palma, Kanarische Inseln. Mit Hilfe der adaptiven Optik konnten sogar nur 75 km kleine Details sichtbar gemacht werden. ► ROYAL SWEDISH ACADEMY OF SCIENCES

S. 119 links Eine koronale Masse-Eruption (CME) auf der Sonne, beobachtet im Oktober 2002 mit der LASCO-Kamera an Bord des amerikanisch/europäischen SOHO-Satelliten. Die helle Sonnenscheibe wurde künstlich abgedeckt; der weiße Kreis gibt die Größe der Sonne an. Neben der CME (links) sind auch die so genannten Streamer in der Korona zu sehen. ► SOHO/LASCO (ESA/NASA)

S. 119 rechts Künstlerische Impression der Oberfläche eines Planeten in der Umlaufbahn um einen Roten Riesenstern. ► H. FERGUSON (STSCI)/N. TANVIR (UNIVERSITY OF CAMBRIDGE)/T. VON HIPPEL (UNIVERSITY OF WISCONSIN)/NASA

S. 120 Der zentrale Teil des Hantel-Nebels (M 27), ein Planetarischer Nebel in 1200 LJ Entfernung im Sternbild Vulpecula (Füchschen), fotografiert mit dem 3,5-m-WIYN-Teleskop auf der Kitt-Peak-Sternwarte in Arizona. ► N. SHARP, R. REED, D. DRYDEN, D. MILLS, D. WILLIAMS, C. CORSON, R. LYNDS UND A. DEY (NOAO/WIYN/NSF)

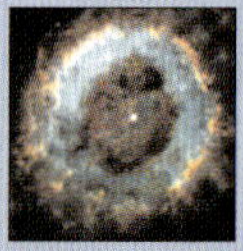

S. 121 oben Der „Phantom-Nebel" (NGC 6369), ein Planetarischer Nebel in ca. 3500 LJ Entfernung im Sternbild Ophiuchus (Schlangenträger), fotografiert mit der WFPC2-Kamera an Bord des Hubble-Weltraumteleskops. ► NASA/HUBBLE HERITAGE TEAM (AURA/STSCI)

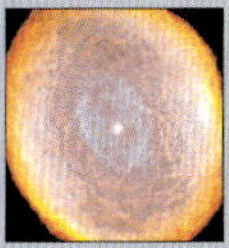

S. 121 Mitte ~ Der „Spirograph-Nebel" (IC 418), ein Planetarischer Nebel in ca. 2000 LJ Entfernung im Sternbild Lepus (Hase), fotografiert mit der WFPC2-Kamera an Bord des Hubble-Weltraumteleskops.
► R. SAHAI (JPL)/A.R. HAJIAN (USNO)/NASA/HUBBLE HERITAGE TEAM (AURA/STSCI)

S. 121 unten ~ IC 4406, ein bipolarer Planetarischer Nebel in ca. 5000 LJ Entfernung im Sternbild Lupus (Wolf), fotografiert mit der VLT-Test-Kamera im Brennpunkt des europäischen 8,2-m-Antu-Teleskops (VLT UT1) auf dem Cerro Paranal in Chile. ► ESO

S. 122 ~ Künstlerische Impression von der Oberfläche des Saturnmondes Titan. Die Zusammensetzung der Titanatmosphäre ist vergleichbar mit der der primitiven Erde. ► ESA

S. 125 ~ Künstlerische Impression der Nova Aquilae, die im Jahr 2000 vier Eruptionen erlebte. Novae sind thermonukleare Explosionen auf der Oberfläche eines Weißen Zwerges (rechts) in einem Doppelsternhaufen, in dem Materieübertragung erfolgt. ► CXC/M. WEISS

S. 126 ~ NGC 1232, eine prächtige Spiralgalaxie in 100 Millionen LJ Entfernung im Sternbild Eridanus, fotografiert mit der FORS1-Kamera im Brennpunkt des europäischen 8,2-m-Antu-Teleskops (VLT UT1) auf dem Cerro Paranal in Chile. ► ESO

S. 129 ~ Die „Antennen" (NGC 4038/4039), zwei kollidierende Galaxien in ca. 65 Millionen LJ Entfernung im Sternbild Coma Berenices (Haar der Berenike), fotografiert mit der VIMOS-Kamera im Brennpunkt des europäischen 8,2-m-Melipal-Teleskops (VLT UT3) auf dem Cerro Paranal in Chile. Infolge des Zusammenpralls sind viele neue Sterne und Sternhaufen entstanden (blau auf dem Foto). ► ESO

S. 130 ~ Teil des Hubble Deep Field North, ein Ausschnitt vom Sternenhimmel im Sternbild Ursa Major (Großer Bär), der Dutzende von Stunden mit der WFPC2-Kamera an Bord des Hubble-Weltraumteleskops belichtet wurde. Der kleine Pfeil zeigt auf die am weitesten entfernte Supernova, SN1977ff. ► NASA/A. RIESS (STSCI)

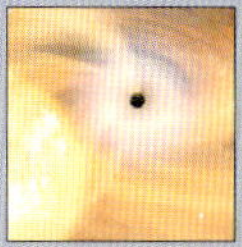

S. 132 ~ Künstlerische Impression von einem Schwarzen Loch in einem Doppelsternsystem. Materie des begleitenden Sterns (links) wird von dem Schwarzen Loch aufgesaugt und verschwindet so für immer von dem Beobachtungshorizont. ► C. PÉREZ DÍAS (IAC)

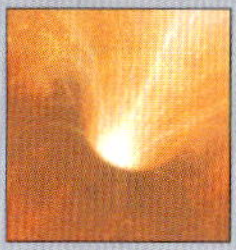

S. 133 ~ Künstlerische Impression von einem Schwarzen Loch als Verformung von (und mögliche Flucht aus) der vierdimensionalen Raumzeit.
► M.A. GARLICK, HTTP://WWW.MARKGARLICK.COM

S. 134 ~ Das Andromeda-System (M 31) in 2,7 Millionen LJ Entfernung im Sternbild Andromeda, fotografiert mit dem 0,9-m-Teleskop auf der Kitt-Peak-Sternwarte in Arizona.
► T.A. RECTOR UND B.A. WOLPA (NOAO/AURA/NSF)

Register

Kursiv gedruckte Seitenzahlen verweisen auf Illustrationen.